国家重大科技专项"合流制高截污率城市雨污水管网建设、
改造和运行调控关键技术研究与工程示范(2008ZX07317-001-2)"
课题资助

国家"863"重大科技专项
"镇江水环境质量改善与生态修复技术研究及示范(2003AA601100)"
课题资助

江苏省重大示范工程项目
"镇江市北部滨水区水环境建设关键技术研究及工程示范(BE2008615)"
课题资助

江苏大学专著出版基金资助

U0304380

水 污 染 控 制 技 术 研 究 丛 书

丛书主编 吴春笃

THE THEORY AND PRACTICE OF CLEAN PRODUCTION
IN DRAINAGE SYSTEM

排水系统清洁生产
理论与实践

刘 宏　张 波　吴春笃　著

江苏大学出版社
JIANGSU UNIVERSITY PRESS

镇 汇

图书在版编目(CIP)数据

排水系统清洁生产理论与实践/刘宏,张波,吴春笃著. —镇江:江苏大学出版社,2014.12
ISBN 978-7-81130-879-2

Ⅰ.①排… Ⅱ.①刘… ②张… ③吴… Ⅲ.①排水系统－无污染工艺－研究 Ⅳ.①TU992.03

中国版本图书馆 CIP 数据核字(2014)第 310606 号

内 容 提 要

本书以"清洁生产"原理为理论基础,提出了源污染物减量化、排水过程污染物排放最小化、末端污染物处理最优化的排水系统清洁生产理论体系,探讨了排水系统清洁生产策略与途径,在对排水系统进行分析的基础上,从排水管网源清洁生产、排水过程清洁生产、末端处理与处置等环节论述了排水系统清洁生产的技术与途径,阐述了合流制溢流污染控制系统动力学模型及其应用、排水系统清洁生产方案与实施以及基于 SWMM 模型的溢流污染模拟及控制。在城市排水系统中引入清洁生产理论,可以为当前城市排水系统的规划、设计、建设、改造、运营、污染治理提供新思路。

排水系统清洁生产理论与实践

Paishui Xitong Qingjie Shengchan Lilun yu Shijian

著　　者/刘　宏　张　波　吴春笃
责任编辑/张小琴
出版发行/江苏大学出版社
地　　址/江苏省镇江市梦溪园巷 30 号(邮编:212003)
电　　话/0511-84446464(传真)
网　　址/http://press.ujs.edu.cn
排　　版/镇江文苑制版印刷有限责任公司
印　　刷/句容市排印厂
经　　销/江苏省新华书店
开　　本/718 mm×1 000 mm　1/16
印　　张/16.25
字　　数/270 千字
版　　次/2014 年 12 月第 1 版　2014 年 12 月第 1 次印刷
书　　号/ISBN 978-7-81130-879-2
定　　价/42.00 元

如有印装质量问题请与本社营销部联系(电话:0511-84440882)

序

　　1973 年第一次全国环保大会的召开,标志着中国人环保意识的觉醒。1983 年,第二次全国环保会议将环境保护确定为基本国策。1989 年,中国颁布施行第一部《中华人民共和国环境保护法》。然而,令人痛心的是,这些年随着我国推行的大规模、全方位的工业化和城市化进程以及粗放型的经济发展模式对生态环境造成了极大的破坏,重大水体污染和大气污染事件时有发生,环境污染和生态破坏已成为制约地区经济发展、影响改革开放和社会稳定以及威胁人民健康的重要因素。

　　针对我国水体污染的现实问题,国家先后启动了太湖污染治理、滇池污染治理等专项工程。2002 年,"863"计划设立了"水污染控制技术与治理工程"科技重大专项,在全国范围内选择 11 个城市作为科技攻关和示范工程实施城市。该专项简称"城市水专项",是国家科技领导小组确立的国家"十五"期间 12 个重大科技专项之一。从此,我国开始了新一轮的水体污染控制与环境改善的研究示范工作。2006 年,国家又设立了"水体污染控制与治理"科技重大专项(以下简称"水专项"),并连续执行三个五年计划。这是为实现我国社会经济又好又快发展,调整经济结构,转变经济增长方式,缓解我国能源、资源和环境的瓶颈制约,根据《国家中长期科学和技术发展规划纲要(2006—2020 年)》设立的 16 个重大科技专项之一。该专项旨在为中国水体污染控制与治理提供强有力的科技支撑,运用科技手段破解中国水环境治理难题,实现水污染防治关键技术的创新。

　　水专项核心主题之一即是城市水污染控制与水环境综合整治关键技术研究与示范。该主题通过识别我国城市水污染的时空特征和变化规律,建立不同使用功能的城市水环境和水排放标准及安全准则,在国家水环境保护重点流域,选择若干在我国社会经济发展中具有重要战略地位、不同经济发展阶段与特点、不同污染成因与特征的城市与城市集群,以削减城市整体水污染负荷和保障城市水环境质量与安全为核心目标,重点攻克城市和工业园区的清洁生产、污染控制和资源化关键技术难关,突破原有城市水污染控制系统整体设计、全过程运行控制和水体生态修复技术,结合城市水体综合整治和生态景观建设,开展综合技术研发与集成示范,初步建立我国城市水污染控制与水环境综合整治技术体系、运营与监管技术支撑体系,推动关键技术的标准化、设备化和产业化发展,建立相应的研发基地、产业化基地、监管与绩效评估管理平台,为实现跨越发展以及构建新一代城市水环境系统提供强有力的技术支持和管理工具。

随着我国社会经济发展和城市化进程的加快,雨污水管网建设正在全力推进。因此,急需根据全国典型城市雨污水管网水污染问题的普遍性技术需求,针对具有代表性的管网问题,开展雨污水管网建设、改造、运行调控关键技术研究和工程示范。正是基于这一重大科技需求,我国水专项在城市水环境主题下设置了"合流制高截污率城市雨污水管网建设、改造和运行调控关键技术研究与工程示范课题"。该课题针对我国各地城市雨污水管网系统多样化、缺乏科学合理的设计、设施不完善、管网容量低、施工质量差、管网截污能力不足、维护不善、错接乱排严重等问题,根据城市的共性技术需求,研究多种排水体制并存、运行调控难度大的城市雨污水管网,溢流污染严重的雨污合流制管网,地质条件不良的特殊地形地貌城市雨污水管网的建设、改造和运行调控关键技术;重点突破科学合理的新建城区雨污水管网建设、老城区雨污水管网改造方案与工程技术方法,雨污水溢流控制技术,城市雨污水管网运行管理与管道状况的动态监测技术;通过技术应用和工程示范,形成合流制高截污率城市雨污水管网建设、改造和运行调控的技术支撑体系。

本丛书是"十五"水专项"镇江水环境质量改善与生态修复技术研究及示范"和"十一五"水专项"合流制高截污率城市雨污水管网建设、改造和运行调控关键技术研究与工程示范"研究成果的具体体现,是研究团队全体成员的智慧结晶,涵盖了"城市合流管网溢流污染控制规划理论、方法与实证""排水系统清洁生产理论与实践""合流制排水系统污染控制原理与技术""城市合流管网溢流污染控制技术应用"等内容,可为我国城市合流制雨污水管网污染物的减量控制提供理论依据。

本丛书的出版得到了上海同济大学徐祖信教授、李怀正教授、尹海龙副教授,浙江大学张仪萍副教授,西安建筑科技大学王晓昌教授,北京建筑大学车武教授的热情支持和帮助;得到了镇江市人民政府、镇江市水利局、镇江市住房与城乡建设局、镇江市科技局、镇江市环境保护局及镇江市环境监测中心站等部门和镇江市水利投资公司、镇江市水业总公司、江苏中天环境工程有限公司等单位的大力协助。在此对他们表示诚挚的感谢。

吴春笃

2014 年 12 月 12 日

前　言

本书主要内容属于水体污染控制与治理科技重大专项"城市水污染控制与水环境综合整治技术体系研究与示范"主题,"城镇水污染控制与治理共性关键技术研究与工程示范"项目,以镇江为示范地的"合流制高截污率城市雨污水管网建设、改造和运行调控关键技术研究与工程示范"课题研究成果之一。

本书以"清洁生产"原理为理论基础,构建了以源污染物减量化、排水过程污染物排放最小化、末端污染物处理最优化的排水系统清洁生产理论体系以及实现排水系统清洁生产的技术与途径,可为城市排水系统的规划、设计、建设、改造、运营、管理提供新思路。

全书共分9章,结合镇江市合流制高截污率城市雨污水管网建设、改造和运行调控关键技术研究与示范项目展开论述。第1章介绍城市排水系统的作用、体制与组成,排水系统清洁生产的任务、目标与内容;第2章介绍排水系统清洁生产策略、途径与技术;第3章对排水系统结构、系统动力学流图与子流图及排水系统清洁生产路径进行分析;第4章从节水减排,生产废水、生活污水、雨水等方面阐述排水管网源清洁生产;第5章论述合流管网、截流式合流管网与混接管网排放过程清洁生产;第6章介绍以磁絮凝溢流污染控制关键技术、旋流分离器控制雨水径流污染技术、多级吸附净化床技术为例的城市排水系统末端处理与处置技术;第7章论述合流制溢流污染控制系统动力学模型及其应用;第8章论述排水系统清洁生产方案与实施;第9章论述基于SWMM模型的溢流污染模拟及控制。

本书可供高等院校环境工程、环境科学、环保设备工程、给排水工程、市政工程、水务工程等专业师生参考,还可供从事城市排水系统规划、设计、管理的科研单位、设计单位和政府管理部门的相关人员参考。

　　本书在撰写过程中得到了陶明清高级工程师,依成武、储金宇、解清杰、黄勇强、肖思思、万由令等老师及任雁、张贝贝等研究生的大力协助,在此表示诚挚的感谢。

　　本书参考了国内外的有关论著,并在书后附有主要参考文献目录,在此对相关作者深致谢意。

　　囿于作者学术水平与实践经验,书中不妥之处在所难免,敬请广大读者批评指正。

著　者

2014 年 9 月

目　录

第 1 章

绪　论

1.1　城市排水系统

1.1.1　城市排水系统的作用

在城镇居民的生活和生产过程中,需要使用大量的水,这些水在使用过程中受到不同程度的污染,改变了原有的物理性质和化学成分,故称为污水或废水,其中还包括雨水及冰雪融化水,因为雨水及冰雪融化水(合称降水)挟带有来自空气、地表和屋面的一些杂质。

按照污水来源的不同,可将其分为生活污水、工业废水和降水三类。

生活污水是居民在日常生活中排出的废水,包括从厕所、浴室、盥洗室、厨房、食堂和洗衣房等处排出的水,来自住宅、公共场所、机关、学校、医院、商店以及工厂中的生活间部分。生活污水中含有大量的有机物质、肥皂和合成洗涤剂、病原微生物等。这类污水需经处理后才能排入水体、灌溉农田或再利用。

工业废水是在工业企业的生产过程中排出的水,包括生产废水和生产污水两类。生产废水是在生产过程中未受污染或受轻微污染以及水温稍有升高的工业废水。生产污水是在生产过程中被污染的工业废水,还包括水温过高、排放后造成热污染的工业废水。生产废水一般不需处理或需经某些简单处理后,即可重复使用或直接排入水体。生产污水大都需经过适当处理后才能排放或重复使用,它含有的有毒或有害物质往往是宝贵的工业原料,应尽量将其回收利用,为国家创造财富,同时也能减轻水的污染。

降水是指在地面上流泄的雨水和冰雪融化水,常称为雨水。这类水所含杂质主要是无机物,对环境危害较小,但径流量大,若不及时排除则会淹没居住区和工业区等,或者造成交通受阻。通常暴雨的危害最严重,是排水的主要对象之一。街道冲洗水和消防水的性质与雨水相似,也并入雨水。雨水不需要处理,可直接就近排入水体。

生活污水和工业废水均排入城市污水系统,其性质随各种污水的混合比例以及污水中污染物质特性的不同而异,需经过处理后才能排入水体、灌溉农田或再利用。污水量以 L 或 m³ 计量。单位时间的污水量叫作污水流量,以 L/s,m³/h 或 m³/d 计;单位体积污水中所含污染物质的数量称为污染物质浓度,以 mg/L 或 g/m³ 计,用以表示污水的污染程度。

在城市和工业企业中,应当有组织地、及时地排除上述污废水和雨水,否则可能污染和破坏环境,甚至形成公害,影响生活和生产,威胁居民健康。排水的收集、输送、处理和排放等设施以一定方式组合成的总体,称为排水系统。排水系统通常由管道系统(或称排水管网)和污水处理系统(即污水处理厂)两部分组成。管道系统是收集和输送废水的设施,把废水从产生处输送至污水厂或出水口,包括排水设备、检查井、管渠、泵站等设施。污水处理系统是处理和利用废水的设施,包括污水处理厂(站)中的各种建构筑物和处理设施。

城市排水系统的作用是及时可靠地排出城市区域内产生的生活污水、工业废水及雨水,使城市免受污水之害和暴雨积水之灾,给人们创造一个舒适安全的生活和生产环境,使城市生态系统的能量流动和物质循环正常进行,维持生态平衡,实现可持续发展。我国城市基础设施比较落后,排水管网和城市污水处理厂建设更加滞后,严重的水污染现状要求我们必须加强城市污水治理,这就要求城市排水系统除传统的防止雨洪内涝、排除和处理污水、保护城市公共水域外,还需起到回收城市污水及净化再生,疏通城市水环境,维系水资源可持续利用的作用。

1.1.2 城市排水系统的体制

城市排水管道系统的体制有分流制和合流制。合流制是将生活污水、工业废水和降水混合在同一套管道系统内排除的排水系统。分流制包括污水管道和雨水管道,是将生活污水和工业废水用一套或多套管道系统,而雨水用另一套管道系统排除的排水系统。合流制排水管道系统分三种形式：直排式合流制、截流式合流制和全处理式合流制。在降雨量较小和对水体水质要求较高的地区，可采用全处理式合流制，将生活污水、工业废水和降水全部送到污水处理厂处理后排放。这种方式对环境水质的影响最小，但截流管管径大，污水处理厂规模大、投资高。

1. 合流制排水系统

合流制是用同一个管道系统收集和输送污废水的排水方式。最早出现的合流制排水系统，是将生活污水、工业废水和雨水混合在同一个管渠内，不经任何处理就直接就近排入水体，使受纳水体遭受严重污染，国内外很多老城市几乎都采用这种方式。现在常采用的是截流式合流制排水系统，是在临河岸边建造截流干管，并设置溢流井和污水厂。晴天和降雨初期的所有污水都输送至污水厂，经处理后排入水体。随着降雨量的增加，雨水径流也增加，当混合污水的流量超过截流干管的输水能力后，就有部分混合污水经溢流井溢出直接排入水体，见图1.1。截流式合流制虽然能对大部分污水进行处理，但雨天仍有部分混合污水未经处理直接排放，成为受纳水体的主要污染源。如有条件保证受纳水体不遭受污染，可采用截流式合流制排水系统。

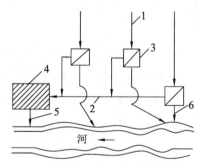

1—合流干管；2—截流主干管；3—溢流井；4—污水厂；

5—出水口；6—溢流出水口

图1.1 截流式合流制排水系统

2. 分流制排水系统

分流制是用不同的管道系统分别收集和输送各种污水的排水方式，即将生活污水、工业废水和雨水分别在两个或两个以上各自独立的管渠内排除,其中排除生活污水和工业废水的系统称为污水排水系统,排除雨水的系统称为雨水排水系统,见图1.2。

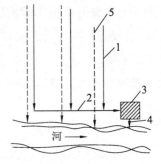

1—污水干管；2—污水主干管；
3—污水厂；4—出水口；
5—雨水干管

图1.2　分流制排水系统

由于排除雨水方式的不同,分流制排水系统又分为完全分流制和不完全分流制两种排水系统。完全分流制排水系统具有污水排水系统和雨水排水系统。而不完全分流制只具有污水排水系统,未建雨水排水系统,雨水沿天然地面、街道边沟、水渠等原有渠道系统排泄,或为了补充原有渠道系统输水能力的不足而修建部分雨水管道,待城市进一步发展后再修建雨水排水系统,使其转变成完全分流制排水系统,见图1.3。

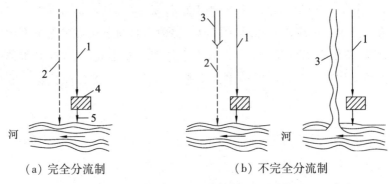

（a）完全分流制　　　　　　　　（b）不完全分流制

1—污水管道；2—雨水管道；3—原有管渠；4—污水厂；5—出水口

图1.3　完全分流制及不完全分流制排水系统

3. 不同排水系统体制的比较

在一个城市中,有时合流制和分流制并存。合流制一般在老城区采用,新城区或城市的新建部分一般采用分流制。在大城市,因各区域的自然条件和修建情况差异较大,因地制宜地在各区域采用不同的排水体系也是合理的。合理选择排水系统的体制,是城市排水管道系统规划和设计的重要内容。它不仅从根本上影响排水管道系统的设计、施工和维护管理,而且对城市的规划和环境保护影响深远,同时也影响排水管道系统的工程总投资、初期投资和维护管理费用。通常,排水系统体制的选择应满足环境保护的需要,根据当地条件,通过技术经济比较确定。

从环境保护方面看,如采用合流制将城市的生活污水、工业废水和雨水全部截流至污水处理厂经处理后再排放,对防止水体污染是最为有利的,但截流主干管的尺寸很大,污水厂的容量过大,建设费用也相应增高。采用截流式合流制虽然可降低截流主干管的尺寸和污水厂的容量,但雨天仍有部分混合污水通过溢流井直接排入水体,使受纳水体遭受严重的周期性污染。分流制是将城市污水全部输送至污水厂进行处理,其水质和水量变化小,有利于污水处理厂的运行管理,但初降雨水未经处理就直接排入水体,亦会对受纳水体造成污染。虽然分流制具有这一缺点,但因其比较灵活,容易适应社会发展的需要,同时又能符合城市卫生的要求,所以在国内外被广泛采用,是城市排水系统体制发展的方向。

从造价方面来看,合流制排水管道系统的造价比完全分流制一般要低20%~40%,但合流制的泵站和污水厂却比分流制的造价高,由于管渠造价在排水系统总造价中占70%~80%,所以从总造价来看,完全分流制造价一般比合流制高。从初期投资来看,不完全分流制因初期只建污水排水系统,因而可节省初期投资,缩短工期,发挥工程效益也快。因此,我国许多城市的居住区和工业区均采用不完全分流制排水系统。

从维护管理方面看,晴天时污水在合流制管道中非满流,雨天时才接近或达到满流,因而晴天时合流制管道内流速较低,易产生沉淀,而沉淀物在暴雨时易被雨水冲走,这样可以降低合流制管道的维护管理费用。但晴天和雨天时进入污水厂的水质、水量变化很大,增加了污水厂运行管理的复杂性。分流制系统可以保持管内的流速,不致产生沉淀,同时,进入污水厂的水质和水量变化比合流制小,便于污水厂的运行管理。

从施工方面看,合流制管渠总长度短、管线单一,与其他地下管线和构筑物的交叉少,施工较简单。对于人口稠密、街道狭窄、地下设施较多的老城区,可采用合流制排水系统。

总之,排水系统体制的选择,应根据城市规划、环境保护要求、污水利用情况、原有排水设施、水质、水量、地形、气候和受纳水体等条件,从全局出发,在满足环境保护的前提下,通过技术经济比较,综合考虑确定。由于截流式合流制对受纳水体有周期性污染,因此新建排水系统宜采用分流制,经济条件不发达的城镇可采用不完全分流制,待经济发展后再改造成分流制。但在附近有水量充沛的河流或近海的小城镇地区,或在街道较窄、地下设施较多、修建雨污两条管线有困难的城区,或在雨水稀少、废水能够全部处理的城市等,采用合流制排水系统可能更为合理。

综上所述,整个排水系统是一个系统性很强的工程,排水系统体制的选择应考虑不同废水水质和城市布局的变化。

1.1.3 城市排水系统的组成

通常,排水系统由三部分组成(见图1.4):

① 管道系统——收集和输送废水的工程设施;

② 污水厂——改善水质和回收利用污水的工程设施;

③ 出水口——排入水体的工程设施。

排水系统的组成说明废水从排放到收集处理以及最后的清洁排放是一个系统超大且对象繁多的工程。

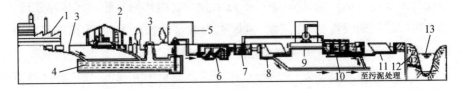

1—工厂排出的生产废水;2—住宅排出的生活污水;3—工厂区及住宅区排出的雨水;
4—城市管道系统;5—泵站;6—格栅;7—曝气沉砂池;8—初次沉砂池;
9—鼓风机房;10—曝气池;11—沉淀池;12—出水口;13—河流

图1.4　排水系统的组成

城镇污水排水系统、工厂排水系统和雨水排水系统的主要组成情况简介如下。

1. 城镇污水排水系统

城镇污水排水系统的作用是收集住宅和公共建筑的污水并输送至污水厂,它由房屋污水管道系统、街坊污水管道系统和城镇污水管道系统等组成,见图1.5。

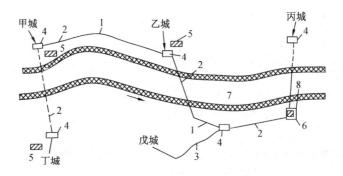

1—区域干管；2—压力排水管道；3—新建城镇总干管；4—泵站；
5—废弃的城镇污水厂；6—区域污水厂；7—河流；8—出水口

图1.5 区域排水系统平面示意图

（1）房屋污水管道系统

房屋污水管道系统及设备的作用是连接室内用水设备和室外管道,以排出用过的水。

在住宅及公共建筑内,各种用水设备既是人们用水的器具,也是产生污水的容器,它们是生活污水系统的起端设备。生活污水从这里经水封、支管、竖管和出流管等室内管道系统到达街坊管道,见图1.6。在每一房屋出流管与街坊管道的连接点设置检查井,供清通和检查管道之用。

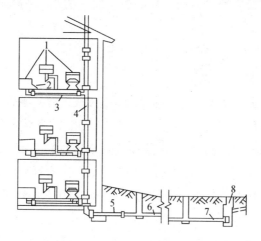

1—卫生设备和厨房设备；2—存水弯（水封）；3—支管；4—竖管；
5—房屋出流管；6—街坊管道；7—连接支管；8—检查井

图1.6 房屋内部的排水设备

（2）街坊污水管道系统

街坊管道敷设在街坊内部地下，起到承上启下的作用，将房屋污水管道系统排出的污水，经街坊管道系统排入城镇污水管道系统。其布置受四周街道污水管布置情况和地形的影响，有时自成体系，见图1.7。若街道污水管中污水可能倒流时，宜设控制检查井。

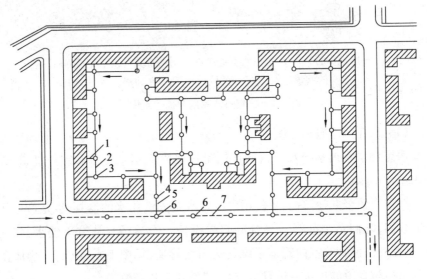

1—房屋出流管；2—街坊污水管道；3—检查井；4—控制井；

5—连接管；6—街道检查井；7—城镇污水管道

图1.7   街坊污水管道布置图

（3）城镇污水管道系统

城镇污水管道系统的主体是重力流管道（或渠道），从高处流向低处，街坊管道的起端段称为支管，支管交汇成干管，最后的干管段称为总干管（或主干管）。为了便于清通，每个管段都是直线，管段与管段之间设检查井。管道与其他地下设施相遇时，常向下弯曲穿过，形成倒虹状下弯管道，称为倒虹管。总干管终点设污水厂，污水处理合格后通过出水口排放至水体，见图1.8。

（4）污水泵站

由于技术和经济的原因，管道埋深有一定限度，可在管道系统中设置泵站提升污水。泵站的出流管可以是一般管道也可以是压力管道。

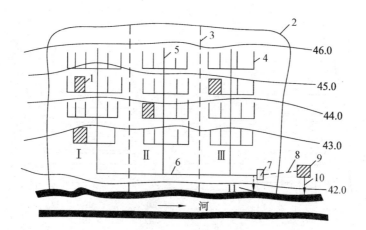

Ⅰ,Ⅱ,Ⅲ—排水流域

1—街区；2—排水流域；3—排水流域分界线；4—支管；5—干管；6—主干管；

7—终点泵站；8—压力管道；9—污水厂；10—出水口；11—事故出水口

图1.8 城镇污水排水系统总平面示意图

管道上的检查井可根据需要改变构造,形成特殊检查井,如跌水井、水封井、溢流井等。

2．工厂排水系统

工厂排水系统的作用是收集各车间及其他排水对象所排出的废水,送至回收利用、处理构筑物,或直接排入城镇排水系统。工业废水排水系统的组成如下。

（1）车间内部管道系统和设备

车间内部排水设施需要按废水水质设计,或设循环使用设备,或直接排出车间,或经处理后排出车间。

（2）厂内管道系统

厂内管道系统是敷设在工厂内,用以收集并输送各车间排出的工业废水的管道系统,见图1.9。这种管道系统有时要按清浊分流、分质分流的原则设置,即根据具体情况设置若干个独立的管道系统,分别输送各种工业废水,如图1.9中的管道6和7等;一般,较干净的工业废水可直接排入雨水管道,如图1.9中的管道8可用来收集雨水和废水。

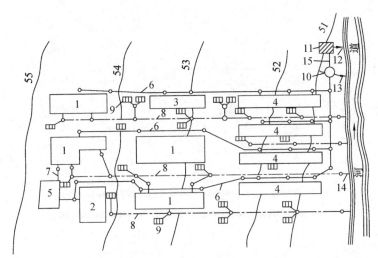

1—生产车间；2—办公楼；3—值班宿舍；4—职工宿舍；5—废水利用车间；
6—生产与生活污水管道；7—特殊污染生产污水管道；8—生产废水与雨水管道；
9—雨水口；10—污水泵站；11—废水处理站；12—出水口；
13—事故出水口；14—雨水出水口；15—压力管道

图1.9　某工厂排水系统总平面示意图

（3）其他组成部分

其他组成部分与城镇污水排水系统相同。

3. 雨水排水系统

雨水排水系统用于收集地表径流，排入水体，主要组成如下。

（1）房屋雨水管道系统

该系统收集工厂车间或大型建筑的屋面雨水，并将其排入室外的雨水
管道系统。

（2）街坊或厂区雨水管道系统

该系统承接房屋雨水管道系统排出的雨水和收集街坊或厂区地面的雨
水，并将其排入街道雨水管道系统。

（3）街道雨水管道系统

该系统包括雨水管道系统上的附属构筑物，除检查井、跌水井、出水口
等之外，还有收集地面雨水用的雨水口。

当设计区域傍山而建时，除了要排除区域范围内的雨水径流之外，还应

及时排除区域范围以外沿山坡倾泻而下的山洪洪峰流量,以保证区域安全。为此,必须在建设区域周围适当的地方设置排洪沟。

(4)雨水泵站及压力管

由于雨水径流量较大,应尽量不设或少设雨水泵站,但在必要时必须设置,用以抽升部分或全部雨水。

合流制排水系统和半分流制排水系统的组成与上述分流制系统相似,具有同样的组成部分,只是在截流式合流管道系统上设有截流干管和溢流井;而在半分流制管道系统上设有截流干管和雨水跳跃井。排水设施需要按废水水质设计,或设循环使用设备,或直接排放,或经处理后排放。

对于城市、居住区或工业企业排水系统的平面布置,应随地形、竖向规划、污水厂位置、土壤条件、河流情况、污水种类和污染程度等因素而定,也有合流制、分流制以及混合制。

总之,排水系统是一个庞杂的管网工程,排水系统清洁生产则是一个策略与技术并重的系统工程。

1.2 排水系统清洁生产

1.2.1 清洁生产的定义

为保证在获得最大经济效益的同时使工业的工艺生产过程、产品的消费、使用以及处理对社会、生态环境产生的影响最小,1989 年,联合国环境署率先提出"清洁生产"的概念,"清洁生产"亦称为"无废工艺""废物减量化""污染预防",这一说法很快得到国际社会的普遍响应,成为环境保护战略由被动转向主动的新潮流。

清洁生产有如下一些定义:

① 清洁生产是在产品生产过程和产品预期消费中,既合理利用自然资源,把对人类和环境的危害减至最小,又充分满足人们的需要,使社会、经济效益最大化的一种生产方式。

② 清洁生产是将污染整体预防战略持续地应用于生产全过程,通过不断改善管理和技术进步,提高资源综合利用率,减少污染物排放,以降低对

环境和人类的危害。

③ 清洁生产是一种新的创新性思想,该思想将整体预防的环境战略持续应用于生产过程、产品和服务中,以增加生态效率和减少人类及环境的风险。

④ 联合国环境规划署与环境规划中心综合各种说法,采用了"清洁生产"这一术语来表征从原料、生产工艺到产品使用全过程的广义的污染防治途径,给出了以下定义:清洁生产是指将综合预防的环境策略持续地应用于生产过程和产品中以便减少对人类和环境的风险性。对生产过程而言,清洁生产策略能减少它的数量和毒性;对产品而言,清洁生产策略旨在减少产品在整个生命周期中对人类和环境的影响。清洁生产还包括末端治理技术如空气污染控制、废水处理、固体废弃物焚烧或填埋,通过应用专门技术、改进工艺技术和改变管理态度来实现。在服务方面,要求将环境因素纳入设计和所提供的服务中。

⑤ 美国环保局提出污染预防和废物最小量化。废物最小量化是污染预防的初期表述,现已用"污染预防"一词代替。美国对污染预防的定义为:污染预防是在可能的最大限度内减少生产场地所产生的废物量。它包括通过源削减(在进行再生利用、处理和处置以前,减少流入或释放到环境中的任何有害物质、污染物或污染成分的数量,减少与这些有害物质、污染物或组分相关的对公共健康与环境的危害)、提高能源效率、在生产中重复使用投入的原料以及降低水消耗量,合理利用资源。常用的两种源削减方法是改变产品和改进工艺(包括设备与技术更新、工艺与流程更新、产品重组与设计更新、原材料替代以及促进生产的科学管理、维护、培训或仓储控制)。污染预防不包括废物的厂外再生利用,废物处理、废物的浓缩和稀释减少其体积,或有害性、毒性成分从一种环境介质转移到另一种环境介质中的活动。

⑥《中国21世纪议程》的定义:清洁生产是指既可满足人们的需要又可合理使用自然资源和能源并保护环境的实用生产方法和措施,其实质是一种物料和能耗最少的人类生产活动的规划和管理,将废物减量化、资源化和无害化,或消灭于生产过程之中。同时对人体和环境无害的绿色产品的生产亦将随着可持续发展进程的深入而日益成为今后生产的主导方向。

1.2.2 清洁生产的目的

1. 资源最合理化

通过推行清洁生产可以实现资源的综合利用、短缺资源的代用、二次能源的利用以及节能、降耗、节水、合理利用自然资源,以减缓资源耗竭。

排水系统清洁生产实际上是求解满足生产、生活特定条件下,使水资源消耗最少而生产生活目标达到最高的问题,其理论基础是数学优化理论。很多情况下,污水最小量化可表示为目标函数,而清洁生产则是求它在各种约束条件下的最优解。

自然资源和能源利用的最合理化,要求以最少的原材料和能源消耗,生产尽可能多的产品,提供尽可能多的服务。本着从源头控制水污染的目的,实现资源最合理化的途径有:

① 围绕优势资源的开发利用,实现生产力的科学配置,组织工业链,建立优化的产业结构体系;

② 利用可再生的资源;

③ 开发和利用清洁能源;

④ 实施各种节能技术和措施;

⑤ 节约原材料;

⑥ 利用无毒和无害原材料;

⑦ 减少使用稀有原材料;

⑧ 现场循环利用物料;

⑨ 采用分质、节约、高效供水方式,对城市生活污水进行多层次处理综合利用,实现污水的资源化利用;

⑩ 大量建造各种雨水渗滤设施,充分利用雨水资源,达到雨水资源化目的;

⑪ 建立良好的给排水系统,依靠科学规范的管理体制,实现城市污水的资源化循环利用。

2. 排污和危害最小化

排污和危害最小化的途径主要有:

① 减少有毒有害物料的使用;

② 采用少废和无废的生产技术和工艺;

③ 减少无害、无毒的中间产品；

④ 现场循环利用废物；

⑤ 使用、利用废物；

⑥ 采用可降解和易处置的原材料；

⑦ 合理包装产品；

⑧ 合理设计产品的使用功能和使用寿命；

⑨ 建立良好的卫生规范(GMP)、卫生标准操作程序(SSOP)和危害分析与关键控制点(HACCP)等；

⑩ 有效管理和利用生活垃圾；

⑪ 采取分散式源头生态措施对雨水进行削减和净化。

3. 管理最优化和效益最大化

企业通过不断提高生产效率,降低生产成本,增加产品和服务的附加值,以获取尽可能大的经济效益。企业在生产和服务中实现经济效益最大化的具体途径包括：

① 减少原材料和能源的使用；

② 采用高效生产技术和工艺；

③ 减少副产品；

④ 降低物料和能源损耗；

⑤ 加强水环境保护宣传力度,提高企事业单位及居民的水环境保护意识,规范企事业单位与居民的生产与生活行为；

⑥ 加大城市绿化面积,改善土地利用结构,减少地表径流；

⑦ 加强对城市施工现场、机修厂、停车场废弃物的管理,控制绿地肥料、农药的使用；

⑧ 控制导致酸雨形成的污染源,对城市工业排放的烟尘、粉尘进行达标管理,以减少大气干湿沉降；

⑨ 扩大城市街道清扫范围,增加清扫次数,提高清扫质量,减少累积污染物数量。

1.2.3 排水系统清洁生产

概括地说,排水系统清洁生产就是在排水的收集、输送、处理和排放过程中改变已有的粗放工艺,通过一定的新方法、新工艺和一些必要的设施将废水以及生产、生活过程中排放的废物减量化、低碳化、资源化和无害化,以保障城市水环境安全。

排水系统清洁生产主要体现在以下几个方面:

① 尽量使用低污染、无污染的材料,代替有毒有害的原材料。

② 采用清洁高效的排水工艺,使废水高效转化成达到标准的清洁水,减少对环境有害的废物量。对生产过程中排放的废物实行再利用,做到变废为宝、化害为利。

③ 在清洁生产过程中,废水从排放到最终处置的整个生命周期中,要求对人体和环境不产生污染、危害或将有害影响降到最低限度。

排水系统清洁生产的内容主要包括:在生产和生活过程中使废水和废物利用合理化、经济效益最大化、对人类和环境的危害最小化。通过不断提高效益,以节能、低碳、资源化的方式进行运作,达到废水的清洁排放,降低运行成本,增加产品和服务的附加值,以获取尽可能大的经济效益,把系统运行过程中产生的对环境的负面影响减至最小。

对于城市排水系统清洁生产而言,应该最大限度地做到:

① 节约资源,实施各种节能技术和措施,节约原材料,利用无毒和无害原材料,减少使用稀有原材料,现场循环利用物料、废弃物;

② 减少原材料和能源的使用,采用高效、少废或无废生产技术和工艺,减少副产品,降低物料和能源损耗,合理提高排出水的质量。

1.2.4　排水系统清洁生产的任务与目标

排水工程是现代城市不可缺少的重要基础设施,也是控制水体污染、改善和保护水环境的重要措施。排水系统的设计对象是需要新建、改建或扩建排水工程的城市和工业区。其主要任务是规划、设计、收集、输送、处理和利用各种污水的一整套工程设施和构筑物,包括排水管道系统和污水处理厂。

排水工程的建设必须按基本建设程序进行。其规划设计要以城市规划和工业企业的总体规划为依据,根据城市和工业企业规划方案的设计规模和设计期限确定排水系统的设计规模和设计期限。设计工作一般分阶段进行,对于技术上较复杂的大型排水工程,可按初步设计、技术设计和施工图设计三阶段进行;对于一般的工程项目,可按扩大初步设计(技术设计)和施工图设计两阶段进行;对于技术上较简单的工程项目,可直接编制施工图设计。对于设计阶段的划分,应按工程性质区别对待。

人类从自然界取水、净水、供水,以及使用后污水的收集、处理、排放的过程,构成了人类用水的社会循环。保障人类社会对用水的持续需求和用水水质的安全性是排水系统清洁生产的主要目标,具体体现在:

① 确保地表水和地下饮用水源地的水质,为向居民供应安全可靠的饮用水提供保障;

② 恢复各类水体的使用功能和生态环境,确保自然保护区、珍稀濒危水生动植物保护区、水产养殖区、公共游泳区、水上娱乐体育活动区、工业用水取水区和农业灌溉等的水质,为经济建设提供合格的水资源;

③ 保持景观水体的水质,美化人类居住区的怡人景色。

将清洁生产的概念引入排水管网中,按照"源头削减、过程控制、末端处理"的原则,实现"减量化、减污化、资源化"的排水管网清洁生产目标。

1.2.5　排水系统清洁生产的对象与内容

排水系统清洁生产的对象与内容包括以下几个方面:

① 制定区域、流域或城镇排水系统防治规划。在调查分析现有水环境质量及水资源利用需求的基础上,明确排水系统清洁生产的具体措施。

② 加强对污染源的控制,包括工业污染源、城市居民区污染源、畜禽养殖业污染源,以及农田径流等污染面源,采取有效措施减少污染源排放的污染物量。

③ 对各类废水进行妥善收集和处理,建立完善的排水管网及污水处理厂,使污水排入水体前达到排放标准,并实施污染物排放总量控制。

④ 开展排水系统处理工艺的研究,满足不同水质、不同水环境的处理要求。

⑤ 加强对水环境和水资源的保护,通过法律、行政、技术等一系列措施,使水环境和水资源免受污染。

1.2.6　排水系统清洁生产分析框架

以镇江市为例,排水系统清洁生产分析框架见图1.10,该框架提出以源污染物减量化、排水过程污染物排放最小化、末端污染物处理最优化的排水系统清洁生产总体思路,构建了排水系统清洁生产体系。该体系提供了全面解决排水系统溢流污染问题的分析框架、技术体系、实施方案、系统集成模型和运行管理系统。

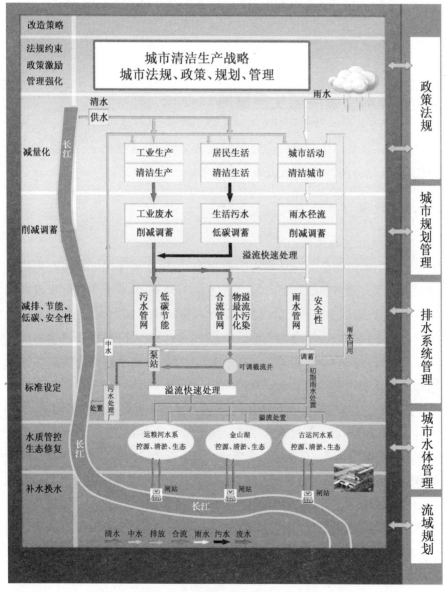

图1.10 排水系统清洁生产分析框架(以镇江市为例)

第 2 章

排水系统清洁生产策略与途径

2.1 排水系统清洁生产策略

排水系统清洁生产策略主要包括政策与管理、减量化、资源化、废物最小化、低碳化、分质处理与处置等方面。

2.1.1 政策与管理

1. 相关政策与法规

水是生命的源泉。因某些物质的介入,而导致水体化学、物理、生物或者放射性等方面特性的改变,从而影响水的有效利用,危害人体健康或者破坏生态环境,造成水质恶化的现象称为水污染。1984 年《中华人民共和国水污染防治法》出台,1996 年和 2008 年全国人民代表大会常务委员会相继对其进行了修订。2000 年国务院颁布《中华人民共和国水污染防治法实施细则》,使我国水污染防治立法日臻完善。

《中华人民共和国水污染防治法》适用于中华人民共和国领域内的江河、湖泊、运河、渠道、水库等地表水体以及地下水体的污染防治。各级人民政府的环境保护部门是对水污染防治实施统一监督管理的机关。交通主管部门的海事管理机构对船舶污染水域的防治实施监督管理。县级以上人民政府水行政、国土资源、卫生、建设、农业、渔业等部门以及重要江河、湖泊的流域水资源保护机构,在各自的职责范围内,对有关水污染防治实施监督管理。

《中华人民共和国水污染防治法》(2008 年修订)规定:"第三条 水污染防治应当坚持预防为主、防治结合、综合治理的原则,优先保护饮用水水源,严格控制工业污染、城镇生活污染,防治农业面源污染,积极推进生态治理工程建设,预防、控制和减少水环境污染和生态破坏。”“第四十条　国务院有关部门和县级以上地方人民政府应当合理规划工业布局,要求造成水污染的企业进行技术改造,采取综合防治措施,提高水的重复利用率,减少废水和污染物排放量。”“第四十一条　国家对严重污染水环境的落后工艺和设备实行淘汰制度。”“第四十三条　企业应当采用原材料利用效率高、污染物排放量少的清洁工艺,并加强管理,减少水污染物的产生。”“第四十四条　城镇污水应当集中处理。”“第四十六条　建设生活垃圾填埋场,应当采取防渗漏等措施,防止造成水污染。”上述规定充分体现了水污染防治预防为主的清洁生产理念。

《中华人民共和国清洁生产促进法》于 2002 年 6 月 29 日第九届全国人民代表大会常务委员会第二十八次会议通过并正式颁布,2003 年 1 月 1 日正式开始实施。从此,清洁生产有了专门的法律保障,这标志着我国推行清洁生产进入了法制化和规范化管理的轨道。

《中华人民共和国清洁生产促进法》规定:“第二条　本法所称清洁生产,是指不断采取改进设计、使用清洁的能源和原料、采用先进的工艺技术与设备、改善管理、综合利用等措施,从源头削减污染,提高资源利用效率,减少或者避免生产、服务和产品使用过程中污染物的产生和排放,以减轻或者消除对人类健康和环境的危害。”该法的适用范围包含了全部生产和服务领域。

2. 清洁生产管理模式

清洁生产的管理模式内容除包含传统生产管理模式内容(产品选择、工厂设施、技术水平、协作化水平、劳动力水平、质量管理、生产计划与物料控制和生产组织)外,还包括以下方面:

(1) 源头削减控制

尽量少用、不用有毒、有害的原料;节约原料,少用昂贵和稀有的原料;利用二次资源作为原料;物料的替代;物料的再循环等。

(2) 清洁能源控制

新能源的利用;常规能源的清洁利用;可再生能源的利用;节能技术。

(3) 清洁生产全过程控制

减少生产过程中的各种危险因素;使用少废、无废的工艺和高效的设备;减少无害、无毒的中间产品;使用简便、可靠的操作和控制;建立良好的卫生规范（GMP）、卫生标准操作程序（SSOP）和危害分析与关键控制点（HACCP）等。

（4）清洁产品控制

产品在使用过程中以及使用后不会危害人体健康和生态环境；易于回收、复用和再生；合理包装；合理的使用功能和使用寿命；易处置、易降解等。

（5）末端治理废弃物的处理、回收，提高资源的重复利用率。

（6）循环与再利用上一家工厂的废物作为下一家工厂的原料等。

（7）流通与服务流通是指产品的运输与储存等，服务是指要求将环境因素纳入产品的设计和所提供的服务中。

3. 水环境管理

加强水环境管理是实现排水系统清洁生产的主要途径，主要措施包括：

（1）加强水质管理

水资源在利用过程中排放的污废水对地表或地下水体造成污染，严重的会使水源失去使用价值，为此要对水质进行管理，即通过调查污染源，实行水质监测，进行水质调查、评价和预测，制定有关法规和标准，并进行水质规划等。

（2）加强城市管理，妥善处理城市垃圾

城市是人口集中居住地，人口密度非常高，会产生大量生活垃圾。及时合理处理垃圾可以从根本上降低地表径流中污染物的含量。清扫路面也是控制径流污染的有效方法，增加城市地表的清扫频次和有效性，减少垃圾散落，保持地表清洁，通过减少污染物质与暴雨径流潜在的混合机会，从源区根本上降低径流污染。

（3）调整用水结构

调整产业结构及用水结构，是有效控制用水需求的重要措施，也是城市水量管理的战略重点之一。

（4）建设和完善城市排水管网

进一步完善城市给排水管网，节约新鲜水，回用中水及雨水；在雨污水收集、输送环节增加处理装置，减少污染物量；增强雨污水末端处理能力，减少排入受纳水体的污染物量；加强区域水环境管理，提高受纳水体自净能力。

（5）充分发挥水价的杠杆调节功能

水价对城市水资源可持续利用至关重要，对自来水实施提价，超量使用加价可有效降低新鲜水的使用量;对回用中水的水价及中水回用相关设施的建设予以财政补贴。充分利用水价这一经济杠杆,真正促使城市居民珍惜水、节约水、保护水。

4. 雨水管理

减少雨水径流造成的管网溢流污染,实现清洁生产,需采取多方面的措施。加强雨水管理同样具有明显效果:

① 对雨水进行截流处理,在保证流入污水处理厂的水量不超过其设计允许流量的同时,使直接排放的雨水对水体造成的冲击性负荷在可接受的范围内。

② 在村庄和小城镇,建滞留雨水的低地池塘,池塘内形成自然湿地生态系统,在下雨时让雨水顺地势流入,雨水可通过植物的根系吸收入地,有利于地下水资源的增加,降低排入河道的洪峰流量。在城市内,提倡雨水回收利用,将屋顶雨水通过独立的雨水管道收集至地下储水池,经过简单沉淀处理后达到杂用水质标准,用于冲洗厕所和浇洒绿地。

③ 制定有关雨水利用的法律,对雨水利用给予支持,如在新建小区之前,无论是工业、商业还是居民小区,均要设计雨水利用设施,若无雨水利用设施,政府将征收雨水排放设施费和雨水排放费。

④ 在城市的马路、人行道、广场、停车场的各类地面,应在能满足其使用功能的条件下,尽量减少用硬化材料铺装,以保护地面透水功能。

5. 排水过程管理

加强排水过程管理,对于排水管网清洁生产效果至关重要。如果没有严格的管理与已经制定的相关污染控制策略相配合,必然不会起到良好的作用。加强雨水排水过程管理主要体现在以下几个方面:

① 对实现雨污分流的排水系统,严禁居民随意接出、接入管道,以防污水由雨水管直接排入水体,相关部门须做好监管工作。

② 扩大城市街道清扫范围、增加清扫次数、提高清扫质量、减少累积污染物的数量,从而减轻雨水的初期冲刷效应。

③ 加大城市绿化面积,改善土地利用结构,减少地表径流。

④ 加强对城市施工现场、机修厂、停车场废弃物的管理,控制绿地肥料、农药的使用。

⑤ 控制导致酸雨形成的污染源,对城市工业排放的烟尘、粉尘进行达标管理,以减少大气干湿沉降。

6. 排水系统运行管理

对排水系统的运行管理可借鉴美国环保署(EPA)于 1989 年颁布的《国家合流污水控制策略》(BMP)和 1995 年颁布的一系列合流污水溢流控制的相关文件。EPA 所制定的 9 条措施如下:

① 对合流制排水系统和溢流口制定合适的操作规程并定期维护;

② 最大限度地利用系统的收集存储能力;

③ 评估并改造预处理设施以减少溢流污水的污染;

④ 最大限度利用污水处理厂进行处理;

⑤ 减少晴天的污水溢流;

⑥ 控制溢流污水中的固体和漂浮物;

⑦ 采取预防措施以减少溢流污水中污染物的量;

⑧ 加强公共宣传以使公众认识到合流污水溢流的发生及其影响;

⑨ 有效监测合流污水溢流的影响和控制措施的有效程度。

发达国家为了解决合流制排水系统雨天溢流污染问题,采取了多种方式和措施,我国也应借鉴其先进的管理经验,尽快制定相应的控制对策、政策和规范,并应用于工程实践。

7. 加强对公众的宣传与教育

合流制排水系统污水溢流(Combined Sawage Overflow, CSOs)会对水体环境产生严重污染。CSO 污染控制在国外很重要的经验之一是加强宣传与教育,提高公众的环境保护意识,引起公众对 CSO 污染问题的重视,并且在某些项目中鼓励市民参与。我国今后应加大城市雨水径流污染和 CSO 污染问题的公众宣传,使人们逐渐认识雨水径流和 CSO 污染对环境影响的严重性,并且鼓励市民参与 CSO 污染控制的项目,通过加强公众教育,减少雨污水的直接排放和管道混接等问题的发生,使 CSO 污染控制在我国得到较快的发展。

2.1.2　减量化

减量化是实现排水系统源清洁生产的重要策略之一。节水减排、中水回用、通过提高水的循环利用率实现废水零排放以及雨水资源化均是有效减少城市排水管网雨污废水量的重要途径。同时,转变生活方式也是废水减量化的重要途径。

水污染怎样防治? 民心所向和舆论指向都寄希望于政府,由政府部门加大水污染防治力度,还群众一片净水和蓝天。但是,单单靠政府就够了吗? 西方发达国家的污染治理历程证明,环境保护不仅是政府的事,更是一项社会性的系统工程,需要社会大众的广泛参与和实践。其中一个最值得关注的问题即是,大众生活方式和消费模式的转变。

(1) 节制消费

越来越多的人意识到,地球资源及其容纳污染的容量是有限的,必须把消费方式限制在生态环境可以承受的范围内。于是,有识之士开始倡导节制消费,以降低消耗。例如,每个人只要稍加注意,如收集洗菜水、洗脸水、洗衣水等冲厕所,洗碗时用容器洗而不是反复冲洗,这可以减少一半生活用水。

(2) 替代消费

这是缓解资源与发展矛盾的有效途径,即用对环境有利的绿色产品替代那些高污染、高消耗的消耗品。例如,许多消费者带着环保的眼光选购商品,不少人只购买有绿色标志的产品,拒绝购买污染水源的高磷洗衣粉。

(3) 循环利用

为了利用有限的地球资源,实现人类的可持续发展,人们正在接受“宇宙飞船经济”的概念。宇宙飞船的设计非常节省空间和资源,其中几乎没有废物,即使是乘客的排泄物也会经过处理、净化而变成必需的氧气、盐和水,经回收再供乘客使用。过去许多被认为是废弃物的垃圾,现在可以通过分类回收系统而重新利用。使用和购买再生品正成为一种社会风气。例如,可依洁净度的需求决定循环使用的先后顺序,吃、喝用水不能重复使用;一部分水在第一次使用后,还能循环使用,如个人卫生用水、洗菜用水、洗衣用水均可用于冲厕。

2.1.3　资源化

资源化包括污水资源化和雨水资源化两个方面。

1. 污水资源化

城市污水由排入城市排水管道系统中的生活污水、工业污水和城市地表径流三部分组成。城市污水资源化利用就是将污水进行净化处理后,直接或间接回用工业、农业及市政公共用水等,以达到消除水污染,提高水资源再生利用率,缓解城市水资源紧张局面,恢复湿地景观,维持生态系统稳定之目的。

污水资源化强调水资源的循环利用和资源化,是一种行之有效的节水措施。它将环境自净能力和人工处理结合起来,是一种发展效率高、能耗少、费用低的污水处理技术,大大减少了污水排放量,减轻了水体污染,促进了水环境的良性循环,有利于区域环境综合整治。当前,世界上不少国家把城市污水开辟为城市第二水资源,其水循环利用率达到80%以上,而其费用也远远低于开辟新鲜水源和远距离引水,具有十分可观的经济效益。因此,对于城市发展而言,污水资源化具有双重意义。一是减少污染、保护环境,二是增加水资源、缓解缺水危机。污水资源化具有良好的社会效益和环境效益。

地表水的各种技术应用,都必须充分考虑水的循环利用。在此概念下,净水取水口和废水出水口产生了内在联系。每一个城市范围内总是存在取水、供水、用水与排水循环,每一个利用河流水体作为水源的城市,都不可避免地受上游废水排放的影响。由于排入受纳水体中的所有废水最终将被再一次利用,包括饮用水水源,因此,必须考虑到水体回用的时间间隔不能太短,且不存在捷径。目前,城市污水主要回用于以下几方面。

(1) 工业

城市污水回用于工业包括两个方面:一是本厂回用,提高水的循环利用率;二是利用城市再生水代替新鲜水或自来水。具体用途包括:冷却系统的补充水;直流冷却,包括水泵、压缩机和轴承的冷却等;工艺用水;洗涤水;杂用水,包括厂区绿地浇灌、消防与除尘。

目前我国城市只有一种供生活饮用的供水系统,而工业用水中有70%是冷却水和洗涤水,实际上不需要那么高的水质要求,完全可以用再生水来代替,因此,需要根据废水可能的工业用途,规划、建设和利用各种不同的处理系统,实行分质供水。

(2) 农业

19 世纪末,由于城市污水中所含氮、磷和有机质可以提高农作物产量,城市污水灌溉农田曾作为污水处理的重要手段而被广泛应用。随着工业特别是化工、冶金工业的迅速发展,工业废水所占的比重越来越大,加上缺乏严格的预处理,以至于污水中含有不少重金属和难降解的有机物质,对土壤、农作物和地下水造成严重污染,加上土地利用等问题日益突出,城市污水处理手段逐步发展为人工污水处理系统。实际上,将城市污水经二级处理后,回用于农业是十分有利的。

（3）城市杂用水

污水回用于城市杂用水主要有两方面:一是回用于不直接与人体接触的生活杂用水,包括冲厕、浇花草、空调和洗车;二是回用于娱乐及美化环境用水。目前,国外已普遍实施滑冰、钓鱼和划船等娱乐用水,河道生态用水,野生动物栖息地和湿地用水,景观用水等。其中,娱乐和美化环境用水必须清澈透明,让人有愉快感,水中不得含有对人体健康有害的物质;供游泳和钓鱼的水温不得高于30 ℃。游览湖泊的废水回用,在美国干旱地区日益增多。废水用于游览湖泊,须满足卫生标准与湖泊游泳标准,因此,必须对废水进行生物处理、化学絮凝、过滤,并经过充分消毒。为了防止水体富营养化,还要限制磷、氮等主要营养物质的数量,以控制藻类过量生长。

（4）回灌地下水

经处理达标后的城市中水可以回灌地下水,以补充地下水不足,防止地下水位过分下降和近海含水层海水入侵以及储存雨洪等地表水。在中水回灌过程中,再生水通过土壤的渗透能获得进一步的处理,最后使再生水和地下水成为一体,因此,在用再生水回灌地下水时,必须对传染病菌、重金属和持久性有机质等水质要素进行严格控制,避免地下水污染。

（5）饮用水

城市再生水通过间接或直接方式可回用于饮用水。城市再生水间接回用是在河道上游地区,污水经净化处理后排入水体或渗入地下含水层,然后为下游或该地区提供饮用水源。目前世界上普遍采用这种方法,如英国的泰晤士河、法国的塞纳河和美国的俄亥俄河等,这些河道中再生水的比重占13%～82%。在干旱地区,每逢枯水年,再生水比重更高,如美国弗吉尼亚奥克昆水库在1980年和1981年干旱期间,再生水比例曾高达90%。

2. 雨水资源化

雨水作为一种长期稳定存在的非传统水源,就近易得,易于处理,数量巨大;雨水是一种最根本、最直接、最经济的水资源。雨水是自然界水循环系统中的重要环节,对调节、补充地区水资源和改善及保护生态环境起着极为关键的作用,在城市排水系统中,雨水资源化对减少管网溢流污染,保护水环境更是具有深远的意义。

近几十年来,随着水资源供需矛盾日益突出,越来越多的国家认识到雨水的资源价值,并采取了很多有效措施、因地制宜进行雨水综合利用。雨水利用就是直接对天然降水进行收集、储存并加以利用。

20 世纪 80 年代初,国际雨水收集系统协会(IRCSA)成立,并对雨水利用将成为解决 21 世纪水资源的重要途径达成国际共识。

雨水利用不仅可在一定程度上缓解水资源短缺,防治城市洪涝灾害,减少污染物排放,而且对水环境复合生态系统的良性循环与可持续发展起着重要作用。雨水作为资源不仅可用于生活与工业生产,还可作为小区绿化、灌溉、市政清洁及补充地下水,发挥多种生态环境效益。

2.1.4　废物最小化

水污染防治的最佳和首要措施是将污染物在源头的产生量减少到最低程度。废物最小化是保护和节约水资源,促进社会可持续发展的必要措施。加强教育,提升民众素质,垃圾分类存放,最大限度地降低进入排水管网的污染物数量;改造雨水收集系统,在雨水进入排水管网前截流固体污染物;增强末端污水处理厂的处理能力以及溢流污染的控制能力,降低进入受纳水体的污染物量。

2.1.5　低碳化

依据城市地形和水文地质条件以及环境条件,科学规划、建设城市排水管网,使干管在最大合理埋深情况下,以自流排水为原则,保证管网具有良好的水力条件,避免沿线建设耗能的提升泵站。

2.1.6 分质处理与处置

城市生活污水的收集和处理可分为集中式与分散式污水处理模式。集中式处理系统存在建设和维护费用巨大、污水回用困难、营养成分难以有效回收等诸多弊端。而分散式排放与处理系统经济效益不显著、运行管理水平低、出水水质难以保障。基于新型供排水理念的污水源分离、水循环利用的"半集中式处理",则是在一定区域集成建立水的循环利用和固体废物处理的综合系统,实现水的分质供应与排放、污水处理和再利用、废物资源化的目的,其规模介于分散式和传统的集中式处理系统之间。生活污水源分离、分质处理和资源化模式克服了传统集中式排水体制与分散式排水体制的弊端,实现良好的节水、节能和减少污染物排放等功能,符合循环经济的理念。

2.2 排水系统清洁生产途径与技术

2.2.1 源清洁生产

实现排水管网源清洁生产的目的就是减少排入管网的雨污水量以及污染物的量,主要途径包括:

(1)节水减排

节水是指采取现实可行的综合措施,减少水的损失和浪费,提高用水效率,合理和高效利用水资源。目前国内在节水型器具和中水道等技术研发方面已具有一定的基础。节水既是保障我国经济社会可持续发展的重要举措,也是实现节能减排的重要途径之一,同时还可降低排水管网的运行负荷。

(2)生产废水源清洁生产——零排放技术

为了节约新鲜水用量,可以把废水直接回用、对部分废水进行处理除去污染物后回用或把全部废水处理再循环利用。通过提高水的循环利用率,实现从工厂排出的废水量为零。

(3)生活污水源清洁生产——分质处理与处置及资源化技术

中水回用是对水自然循环过程的人工模拟和强化;发展中水回用,是实现有限水资源的合理利用、缓解水资源紧张的必然选择。随着循环经济和生活污水源分离、分质处理和资源化理念的提出,基于中水回用为目的的污水排放与处理及资源化模式更加多样化。

(4) 雨水源清洁生产

雨水源清洁生产在排水管网源清洁生产中具有举足轻重的作用。城市雨水资源化是一种新型的多目标综合性技术,就是在城市规划和设计中,采取相应的工程措施,将汛期雨水蓄积起来并作为一种水源的集成技术,包括雨水集蓄利用和雨水渗透利用两大类。目前的应用范围有分散住宅的雨水集蓄利用中水系统、建筑群或小区集中式雨水集蓄利用中水系统、分散式雨水渗透系统、集中式雨水渗透系统、屋顶绿化雨水利用系统、生态小区雨水综合利用系统等。

2.2.2 排水过程清洁生产

排水过程清洁生产是在"源头减污"的基础上实施"过程控污",以水量、污染物、管网、管理为四个切入点,分别采取相应的措施,尽可能减轻末端污水处理厂的处理压力,同时有效降低雨季溢流污染物量。合流制管网常用方法包括管程控制、旋流分离器控制雨水径流污染、合流管网溢流截流池、合流管网错时分流等技术。

(1) 管程控制

选取合适的截流倍数、在旱季周期性冲洗管道、控制管道渗漏和渗入,减少雨天溢流污染物量。

(2) 旋流分离器控制雨水径流污染

旋流分离器结构简单、成本低廉,易于安装与操作,几乎不需要维护和附属设备,可有效分离雨水径流中的固体颗粒物,大大减少排入管网的固体污染物数量。

(3) 溢流截流池

雨水溢流截流池可在雨水流量增大时截流排水管网超负荷部分,在管道排水能力恢复后返回污水处理厂处理后排入受纳水体。

(4) 错时分流

采用错时分流技术,可使在暴雨季节滞留一定时间段的生活污水让位于地表径流,避免溢流污染,降雨停止后再将滞留的生活污水导入合流制管网中正常传输。

2.2.3 末端处理清洁生产

"末端治污"包括两部分:其一为管网系统末端的污染物深度净化系统,主要包括构建溢流口生物、生态、物化净化措施,进一步控制排入水体的污染物质;其二是在对溢流污染物质最大化去除之后,需要对整个受纳水体系统进行重新审视与修复,实现合流管网系统对受纳水体系统的健康良性发展。末端治污的主要内容包括重建受纳水体系统的水生生态,使之成为新的生态系统中的主要初级生产者、重要生物的生境建造者、营养吸收转化的驱动者和悬浮物质沉降的促进者;重建基本的生态系统"生产者—消费者—分解者"结构,使之形成具有循环功能的食物网关系;在形成生态系统基本结构的基础上,以生态工程措施恢复和提高系统的生物多样性,使之渐趋稳定,最终实现受纳水体系统自我修复能力的提高和自我净化能力的强化,由损伤状态向健康稳定状态转化。

正常情况下排水管网污水均可经污水处理厂处理后排放,因此,强降雨条件下的溢流污染成为水环境污染的重要因素。在加强污水处理厂处理能力的同时,可相应地开发一些溢流污染控制技术,如磁絮凝溢流污染控制技术、多级吸附净化床溢流污染控制技术等。

第 3 章

排水系统分析

城市排水系统有着庞大且复杂的结构,负责收集、输运、处理城市中的一切污水废水。排水管网的最基本作用是保障城市公共卫生安全、控制水体污染和排洪防涝,其正常运作是保障生产生活的重要条件。但由于设计不合理、运行失误、政策错误等原因,排水管网出现的污水渗漏污染地下水、排水不畅造成城市内涝、处理不彻底污染受纳水体等问题比比皆是。从根本上解决这些问题需要对排水管网的结构进行具体分析,调整其组成结构或改变其运行策略都可以帮助改善排水管网的运行效果,借助系统动力学分析排水管网结构有助于寻求最佳排水管网清洁生产方案。

3.1 排水系统结构分析

城市污水主要包括生活污水、工业污水和降雨径流三部分。城市排水系统是随着城市建设的逐步形成而不断完善的,现今大多数城市排水系统并不能将三种污水完全分离开来。对于工业污水,往往采取个别处理的方法,然后在满足排放要求的条件下排入城市污水管道或直接排放。而对于生活污水和降雨径流,可以采取分流制排水系统分别收集、处理和排放,但大多数城市的排水系统是由老式直排式排水系统发展而来的,在改造方面有一定局限性,所以一般采取合流收集、雨天溢流的方法,也就是截流式合流制排水系统。在此以典型的城市截流式合流制排水系统为例对其进行结构分析,见图 3.1。

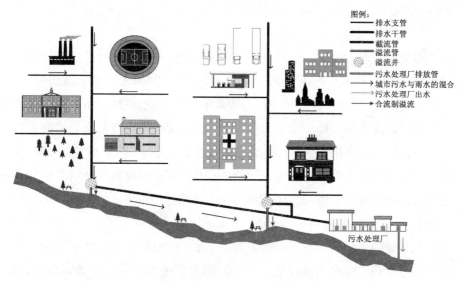

图 3.1 城市截流式合流制排水系统

3.1.1 排水系统基本结构

一个完整的截流式合流制排水系统包括五个主要部分。

1. 污水收集系统

广义的污水收集系统包括生活污水收集系统、工业污水收集系统以及地表径流收集系统。

生活污水收集系统包括室内外卫生设备及生活污水收集管网。日常生活中用到的马桶、水槽等不仅是盛水器皿,更是生活污水产生的源头。产生的污水从室内污水管道排至街道的污水支管中,这些输运生活污水的管道也是生活污水收集系统的一部分。

工业污水收集系统是指在工厂企业中的特殊废水经过处理后达标排放至城市合流制管网的过程中所涉及的处理设备及工厂内的污水管网。

地表径流收集系统的主要任务就是收集雨水,房屋外的雨水收集管道、街道上的雨水收集井等通过地面坡度将雨水收集输送至街道的污水管道中。

2. 污水输运系统

污水输运系统主要是指汇水干管及排水干管,每一个汇水区都有一条汇水干管用来收集来自四面八方的污水支管中的污水,它们通常利用重力作用、虹吸作用或设置提升泵站将污水输运至排水干管中,最终排入污水处理厂。

3. 污水溢流系统

溢流通常通过溢流井或其他溢流设施实现,现在常见的溢流系统是通过溢流井及溢流管实现的,合流污水进入溢流井,如果水位低于截流槽,污水将直接经截流管排入污水处理厂,如果水位高于截流槽,污水将直接溢流至城市河道或受纳水体。如果水位较低,还可以增加溢流泵来辅助溢流作用。溢流是合流制排水管网目前面临的最主要问题,往往是遇到强降雨、地表径流量突然增大时发生溢流,此时将初期雨水冲刷地表及管道产生的污染物直接排入受纳水体,就会破坏受纳水体的生态平衡。

4. 污水处理系统

污水处理系统即指城市污水处理厂,污水处理厂一般建在靠近受纳水体的城市周边离市中心较远处。这一方面是因为城市周边占地面积大,且方便扩建;另一方面,城市周边方便处理水的排出。污水处理厂设计处理量的不同及处理工艺的不同都直接影响着溢流作用及出水水质的好坏。

5. 污水排放系统

污水排放系统是指经污水处理厂处理后的污水排放至受纳水体的过程。受纳水体具有一定的自净作用,自净作用的最终效果不仅体现在时间上,也同样表现在空间上,因此需要科学设计处理水的排放位置及排放方式。

3.1.2 排水系统的系统动力学模型结构

由于城市排水系统相当庞大和复杂,很难通过实地研究来寻找确定哪些行为可以实现排水系统的清洁生产,现实的模拟不仅会影响正常的生产生活,还浪费资源和资金。通过比对与研究,系统动力学模型模拟法可以用来代替实际的排水管网作为研究排水管网清洁生产问题的模型。

系统动力学是以反馈控制理论为基础,以计算机仿真技术为工具,用来研究复杂系统定量问题的学科。其中所提到的系统是人为定义的所要研究的物质与信息组成的有机总体,相对于系统内的物质与信息而言,其他物质与信息组成的总体称为系统的环境,系统和环境之间既相互独立,又相互依赖。也就是说,系统可以作为一个单一整体对其进行独立的研究,但是又与环境之间有物质流与信息流的交换,这正是系统动力学的最大特点。

系统动力学方法依托计算机仿真技术进行模拟,为实现模型与现实系统的相似性及可靠性提供了重要的工具,完全可以实现对现实排水系统的模拟。

将所要研究的城市排水管网作为系统,其他对排水管网运行有作用的条件(如气候、地形、人文条件等影响因素)作为系统环境来建立排水系统的系统动力学模型。系统动力学模型的建立是对实际排水系统的概化,可以清楚地表示出排水系统与其周围环境、排水系统与其内部因素,内部因素与内部因素之间的相互作用与影响。借助计算机改变其中各个因素的量或改变信息传递的方式可以对排水系统的运作进行定量研究。

按照截流式合流制排水系统的基本结构,可以将模型分为五部分。

(1)污染源产生子系统

污染源产生子系统对应于污水收集系统,综合考虑生活污水、经处理的工业污水及降雨时地表径流的产生状况。

(2)收集运输子系统

收集运输子系统对应污水运输系统,主要考虑管网输运过程中水量及水质变化。

(3)污水溢流子系统

污水溢流子系统是对溢流井系统工作情况的模拟,一般在有降雨径流的情况下才发挥作用。

(4)污水处理子系统

污水处理子系统是对所有进入污水处理厂之后污水水质变化情况的模拟,出水水质的好坏取决于污水处理厂的处理能力及处理效果。

(5)受纳水体子系统

受纳水体子系统对应于污水排放系统,主要模拟最终受纳水体由于上游污水的流入及污水处理厂处理水的排放而引起的水质变化。

3.2　排水系统系统动力学流图

在系统动力学中,有专用的系统动力学模拟语言和软件工具进行模拟分析。最基本的方法是利用绘图工具绘制图形来表达系统的结构,依托结构图来输入系统动力学语言,然后借助软件分析输出结果。在图形结构中,因果关系图和存量流量图是最重要的分析工具,它们是进行系统动力学模拟的基础。

3.2.1 排水系统因果关系图

因果关系图(causal loop diagram,CLD)是用来反映变量之间的因果关系的,其不仅是后续研究的基础,更是能最清晰表达系统反馈关系的界面。其中每一个变量都反映了系统的行为,而箭头则是表示最直接的因果关系,两个或两个以上变量就可能形成一个反馈环。

建立排水系统系统动力学模型的目的是研究城市污水量、城市污水污染物量、自然生态平衡、城市排水系统设施、城市排水系统经济投入、城市排水系统管理政策之间的相互作用及各种可能会产生的效应。根据系统动力学的要求,选取了20个变量构成排水系统因果关系图,见图3.2。

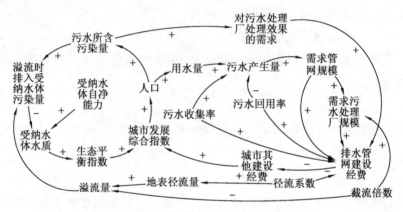

图3.2 排水系统的系统动力学因果关系图

该因果关系图由污水产生、污水集运、污水处理、溢流行为、受纳水体五个部分组成,描述了其中的相互影响关系。因果关系图中还包括两个重要的变量:排水管网建设经费和城市发展综合指数,这两个关系虽然不是研究重点,却是形成反馈环的关键因素,所以还是完整地将其体现在因果回路图中。

污染产生子系统的主要变量是产生的污水流量及污水所携带的污染物量;污水集运子系统的主要变量是需求管网规模、污水收集率及污水回用率;污水处理子系统的主要变量是污水处理厂规模的需求及污水处理厂处理效果的需求;污水溢流子系统的主要变量是溢流量、地表径流量、径流系数及截流倍数;受纳水体子系统的主要变量是溢流污染物量、受纳水体水质、受纳水体自净能力及生态平衡指数。其余的几个变量对主要变量有关联作用,但不是研究的主要矛盾,可以作为次要的辅助变量来帮助我们理解因果回路,此处不做具体研究。

3.2.2　系统边界及系统变量

从因果关系图中可以看到,确定了研究目的与研究范围,也就确定了系统边界。按照系统动力学的观点,参与和影响排水系统工作或与其工作有相关关系的所有因素都应划分在系统边界之内,但是由于参与的因素非常多,关系非常复杂,所以无法建立所谓的"完美模型"。即使在因果关系图中,也有主要矛盾与次要矛盾之分,因此必须选择与研究目的密切相关的因素作为系统内因变量,而其他次相关的因素即可定义为外因变量,这就是划分系统边界的判断方法。为了尽可能考虑到所有涉及排水系统的因素,我们将排水系统系统动力学模型边界按照存在形式的不同,分别定义为三个边界:

（1）空间边界

空间边界比较容易理解,空间是人的肉眼可以看到的东西,我们参考污水从收集到排放的所有流动过程,将所有参与排水工作的建筑和设备等实体都划分在边界内,除此之外还有污水流与污水流中的污染物。

（2）时间边界

时间边界是对模拟时间的限定,本模型可以有两种设定:第一种是在短时暴雨条件下模拟降雨溢流对排水系统的影响;第二种是在长期条件下模拟排水系统对生态环境的影响。由此可设定两种时间边界:一场完整的降雨所经历的时间、以年为单位的长期模拟时间。

（3）信息边界

排水管网的运作不单单是依靠空间和时间的积累,许多时候只要调整策略或改进方法都可以改变排水系统最终的运行结果,所以信息的传递也是模拟过程中非常重要的步骤。信息的边界是依托空间边界来实现的,所以它与空间边界有相关性,但信息的改变是受系统外其他因素影响和作用的,所以又较空间边界广阔。

这里要特别指出的是,在模拟过程中,系统内的因素与外界环境是有交换过程的,但为了保证集中精力研究系统内排水管网的运作情况,我们仍假设其是一个与环境没有物质和能量交换的封闭系统。

建立排水系统系统动力学模型的目的在于分析排水系统在现实中实施清洁生产的可能性,在参考和归纳经验值后,可以确定系统内的主要变量,如表 3.1 所示。

表 3.1　城市排水系统系统动力学模型主要变量

所属子系统	主要变量
污染源产生子系统	点源污水产生量 点源污水污染产生量 降雨径流量 地表被冲刷径流污染量
收集运输子系统	管网污水量 旱天管道沉积固体量 被冲刷管道固体量 被冲刷管道污染量 管道中流动污水污染量
污水溢流子系统	溢流污水量 溢流污染量 河道自净减少污染量 河道纳污能力 河道下游溶解氧不足量
污水处理子系统	污水处理厂处理量 进厂污水污染量 出厂污水污染量
受纳水体子系统	受纳水体自净减少污染量 受纳水体纳污能力

3.2.3　系统动力学流图

因果关系图是对反馈结构的定性描述,无法实现管理和控制过程;要进一步阐述和研究排水系统的结构功能,就要靠系统动力学流图完成。流图将不同的变量进行划分,存量是系统的状态,是积累的过程,流量是存量的变化速率,辅助变量及常量帮助存量及流量实现不同功能。这样,系统的状态就可以用微积分方程组来表达,以便更真实地实现模拟过程。为了进一步刻画分析排水系统中各个变量间的量变关系,我们对上述主要变量及其控制因素进行总结并分类建立了系统动力学流图,通过模拟与调试完成了排水系统系统动力学流图,见图 3.3。

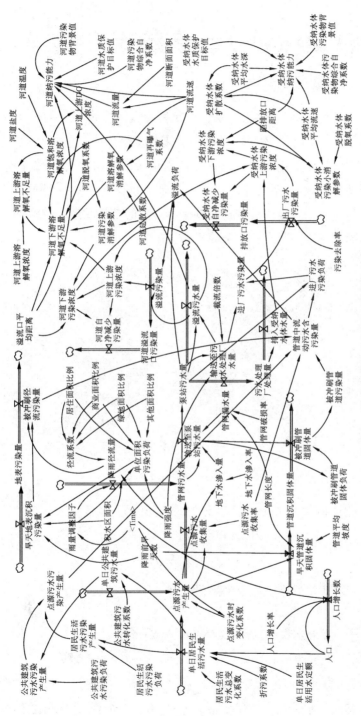

图 3.3　排水系统的系统动力学模型流图

3.3　排水系统系统动力学子流图分析

3.3.1　污染源产生子系统

污染源产生子系统考虑了污水流量和污水污染物浓度的产生两个方面,见图3.4。城市水污染源的产生一般来自两个部分:点源污染及非点源污染。点源污染是由各集水区所产生的居民生活污水、公共建筑污水及工业污水所造成的,非点源污染是指平时的地表沉积污染物及降雨时产生的降雨径流所带来的污染。经分析后以综合污水的产生及地表径流的产生来代表城市点源污染与非点源污染的产生。

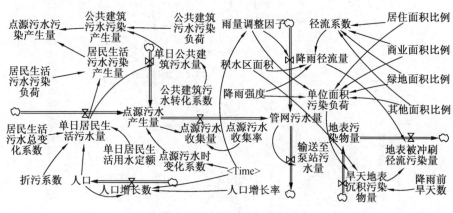

图3.4　污染源产生子系统

为简化模型,综合污水的产生分为两部分:居民生活污水与公共建筑污水,其中居民生活污水量按照人口及用水量来估算,即

$$Q_{hw} = PQ_{hu}K_{off}K_v \tag{3.1}$$

式中,Q_{hw}——单日居民生活污水量,m^3/d;

　　　P——人口,p;

　　　Q_{hu}——单日居民生活用水定额,$m^3/(p \cdot d)$;

　　　K_{off}——折污系数;

　　　K_v——居民生活污水变化系数。

公共建筑污水量按照居民生活污水的30%来折算,两部分之和即为点

源污水产生量,由于我们要探求污水水量的实时变化,所以设置了点源污水时的变化系数。点源污水污染量由产生的水量及污染负荷推算,污染负荷由经验常数来表征。

由于管网普及率有限,所以综合污水产生的水量并不能完全排入排水管网中,需用点源污水收集率来表征管网的普及率。

非点源污水量即降雨时产生的地表径流量,由于暴雨径流水质及水量受到集水区的地形、降雨状况、土地利用状况、集水区面积大小等因素的影响,所以可采用合理法(rational method)公式来推算地表径流量:

$$Q_r = \frac{1}{60\ 000} CIA \tag{3.2}$$

式中,Q_r——地表径流量,m^3/s;

$\quad C$——径流系数;

$\quad I$——降雨强度,mm/min;

$\quad A$——集水区面积,m^2。

降雨径流的水质则先通过单位面积污染负荷推算地表沉积污染物量,当遇到降雨冲刷时,地表污染物被降雨径流带入管道中:

$$W_r = UAD \tag{3.3}$$

式中,W_r——旱天地表沉积污染物量,g;

$\quad A$——集水区面积,m^2;

$\quad D$——降雨前旱天数,d;

$\quad U$——单位面积污染负荷,$g/(m^2 \cdot d)$。

$$W_w = W_r(1 - e^{-kQ_r}) \tag{3.4}$$

式中,W_w——单位面积产生径流污染量,g/m^2;

$\quad W_r$——降雨前地面积累污染量,g/m^2;

$\quad k$——冲刷系数;

$\quad Q_r$——累积径流量,mm。

污染源产生子系统模拟了城市污水产生时的水量及水质情况,其中的重点在于非点源污染的估算。非点源污染是造成溢流的最主要原因,也是排水系统清洁生产中最值得关注的评估对象。

3.3.2　收集运输子系统

收集运输子系统考量的是污水水量及水质在管道中的变化,见图3.5。管道埋于地下,污水在输送过程中会发生地下水渗漏,从而改变管道内的水质及水量。时常发生的管道破损漏水也会对管道内的水质和水量造成影响。

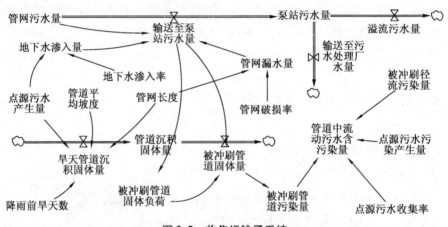

图3.5　收集运输子系统

但最为重要的是,由于污水中的悬浮物在管道输运过程中会有沉降现象,所以管道底部会有一层厚厚的沉积物,沉积物的负荷与城市类型、人口数量、管道坡度、断面形状、管道水力条件、城市功能区构成与分布等因素有关。合流制管道沉积物中总悬浮固体可利用 Pisano 和 Queiroz 提出的排水管道沉积物负荷简化模型进行估算,它只考虑管长、平均坡度和人均流量三个因素:

$$TS = 0.001\ 1L^{1.1}S^{-0.44}Q^{-0.51} \tag{3.5}$$

式中,TS——旱天管道内每日沉积悬浮固体量,kg/d;

　　　L——管道总长度,m;

　　　S——管道平均坡度;

　　　Q——单日生活污水定额,L/d。

Pisano 和 Queiroz 在研究合流制排水管道沉积物负荷时发现,沉积物有机污染负荷与沉积物之间有着密切的关系,他们通过研究最终确定 BOD_5

（Biochemical Oxygen Demand,生化需氧量）、COD（Chemical Oxygen Demand,化学需氧量）、TKN（Total Kjeldahl Nitrogen,总凯式氮）、NH_3、P 和 VSS（Volatile Suspended Substance,挥发性悬浮物）等污染物负荷与沉积物负荷之间呈指数关系,以便利用悬浮固体量推算管道内沉积的污染物量。

雨天径流量会突然增加,冲击管道内的淤积,使初期管道内水质变差,这是造成溢流污染的重要原因,利用水流挟沙力来表征径流冲刷管道沉积物的能力:

$$S = -k_1 Q^{k_2} \qquad (3.6)$$

式中,S——管道内沉积物被降雨冲刷量,g/L;

$$k_1 = \frac{1}{g^m} \frac{1}{\omega^m} \frac{1}{A^{3m}} \frac{1}{R^m}$$

$$k_2 = 3m + 1$$

其中,g——重力加速度,m/s^2;

ω——悬移质颗粒沉速,m/s;

A——管道断面面积,m^2;

R——管径的 1/4,m;

m——参数,0.2~1.5。

可以把管道中流动污水所含的污染物量分为三个部分:点源污水所含污染物量、地表径流冲刷地面污染物量、污水冲刷管道沉积物产生的污染物量。

3.3.3 污水溢流子系统

污水溢流子系统是针对降雨过程产生的溢流污染而设置的,见图3.6。在旱天,所有收集的污水基本都可以送至污水处理厂处理,但是遇到降雨污水量突然增大,可能超出排水管网及污水处理厂的承运能力,只能将污水沿河道溢流,以减小污水处理厂的压力。溢流过程排放的污水量是由截流倍数（interception ratio）来确定的,即截流的雨水量与旱流污水量的比值。

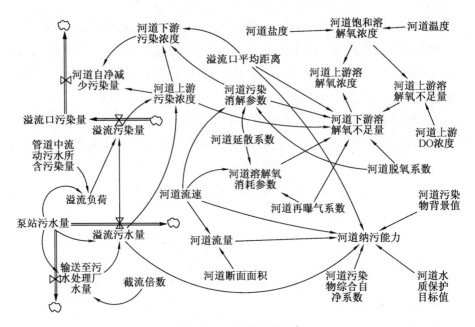

图3.6　污水溢流子系统

　　溢流污水进入河道后污染物通过水体自净作用会消解一部分,因此下游 BOD 浓度会降低,而 DO(Dissolved Oxygen,溶解氧)的浓度会受 BOD 浓度影响而降低。此处利用 Q'Connor 及 Eckenfelder 法来推算河流中 BOD 与 DO 的变化:

$$L = L_0 e^{J_1 x} \tag{3.7}$$

式中,L——距上游 x 距离的 BOD 值,mg/L;

　　　　L_0——上游的 BOD 值,mg/L;

　　　　x——上游至下游的距离,km;

$$J_1 = \frac{U}{E}\left(1 - \sqrt{1 + \frac{4K_1 E}{U^2}}\right)$$

其中,U——平均流速,km/d;

　　　　E——延散系数;

　　　　K_1——脱氧系数。

$$D = \frac{K_1 L_0}{K_2 - K_1}(e^{J_1 x} - e^{J_2 x}) + D_0 e^{J_2 x} \tag{3.8}$$

式中,D——下游溶解氧不足量,mg/L;

D_0——上游溶解氧不足量,mg/L,($D_0 = C_s - DO$,饱和溶解氧量减实际溶解氧量);

$$J_2 = \frac{U}{E}\left(1 - \sqrt{1 + \frac{4K_2 E}{U^2}}\right)$$

其中,K_2——再曝气系数。

一般溢流污水污染物浓度较高,瞬间进入河道会消耗大量的氧气,造成河道溶解氧浓度降低,此处以溶解氧不足量判定河道中的生态平衡状况。由此也可看出,河道的自净能力是有限的。河道内不止只有一个溢流口,可以利用一维对流推移方程来推算溢流河道两个溢流口之间河段的纳污能力:

$$M = 31.536\left[C_s(Q_0 + Q_w)\exp\left(\frac{-kx}{172.8U}\right) - C_0 Q_0\exp\left(\frac{-kx}{172.8U}\right)\right] \quad (3.9)$$

式中,M——溢流口间河段纳污能力,t/a;

Q_0——河道流量,m^3/s;

Q_w——溢流污水流量,m^3/s;

C_s——河道水质目标值,mg/L;

C_0——初始浓度值,取上一个溢流河段的水质目标值,mg/L;

k——污染物综合自净系数,L/d;

x——溢流口距离,km;

U——平均流速,m/s。

利用河道纳污能力与自净作用的比较,可以看出溢流污染对河道水体的影响。

3.3.4 污水处理子系统

污水处理子系统只考虑污水在污水处理厂中的处理效果,见图 3.7。

污水处理厂的处理效率可以从既有资料中得到,即

$$W_o = W_i \eta \quad (3.10)$$

式中,W_o——出厂污水污染负荷,mg/L;

W_i——进厂污水污染负荷,mg/L;

η——污水处理厂污染去除率。

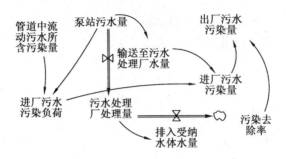

图 3.7　污水处理子系统

　　污水进入污水处理厂后其进厂水量与出厂水量保持守恒,但是污水中的污染物却在污水处理过程中得到去除,使得最终排出的污水符合排放要求。污水在污水处理厂中的处理效果与污水处理的工艺及处理成本等因素相关,但这并不是我们考察的重点,在此不做细致分析。

3.3.5　受纳水体子系统

　　受纳水体子系统是模拟污水处理厂出水排放到受纳水体中的过程,见图 3.8。此部分与溢流污水进入河道部分相似,但是考虑到处理出水的污染物量较少,对受纳水体的影响较小,所以只考虑污染的降解过程,不再模拟溶解氧的消耗过程。

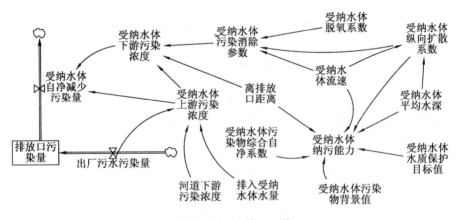

图 3.8　受纳水体子系统

　　一般污水处理厂所选取的排放处理水的受纳水体都是较宽阔的活水水域,污染物自岸边排入水体后,需要很长距离才能在断面上充分混合,污染物浓度在排放口附近断面沿横向变化很大,若用一维方法来求解纳污能力,将使得计算出的纳污能力大大超过实际纳污能力,所以要利用二维水质模型来计算其纳污能力:

$$M = \left[C_s \exp\left(k \frac{x}{86.4u} - C_0 \right) \right] hu \sqrt{\pi E_x \frac{x}{u}} \qquad (3.11)$$

式中,C_s——受纳水体水质目标值,mg/L;

　C_0——受纳水体水质背景值,mg/L;

　k——污染物综合自净系数,L/d;

　x——距排放口距离,km;

　u——纵向平均流速,m/s;

　h——受纳水体平均水深,m;

　E_x——横向扩散系数,m²/s。

比较受纳水体自净减少污染物量与受纳水体的纳污能力值,可分析受纳水体的污染状况。

3.4　排水系统清洁生产路径分析

从以上的结构分析中可以看出,合流制管网普遍存在的问题是:旱季管内污染物淤积,臭气大;雨天合流污水溢流水量大,初期雨水对受纳水体污染严重,同时合流雨污水跑、冒、漏等问题严重。为了实现可持续发展,故将清洁生产的概念引入排水管网中来,按照“源头削减、过程控制、末端处理”的原则,通过优化合流制排水管网的结构,改进排水管网的管理策略,实现“减量化、减污化、资源化”的排水管网清洁生产目标。

3.4.1　源头分析

从污染源产生子系统来看,污染源的产生有两个部分,一部分是居民生活综合污水,另一部分是降雨径流冲刷地表产生的初期雨水。清洁生产要求在污染源产生处做到“源头削减”。

从居民生活综合污水部分来看,可控因素包括点源污水产生量、点源污水污染物负荷、点源污水收集率三个因素。

　　在旱天,只有居民生活污水的产生,其水质、水量特征为:水质、水量小时变化系数较大,但总量基本持平;污染物浓度通常较低,处理难度较小。可以看出,由于其污染来源比较简单,从处理技术和处理成本角度考虑,生活污水具有相当的技术可行性和很高的回用价值。在技术上,由于点源污水产生量及点源污水污染物负荷难以减量化控制,所以只能从公众宣传教育的角度出发,鼓励居民节约用水、使用清洁的日用化学品等。但是从点源污水收集率出发,可以考虑以小区为单位采用生活污水回用技术,将小区生活污水经过二级强化处理并消毒后用于厕所冲洗水、绿化浇灌水、地面冲洗水、车辆冲洗水、非接触风景景观用水等。这一方面可提高污水收集率,另一方面也是对点源污水的变相减量化处理。

　　对于降雨径流部分,可控因素包括径流系数和单位面积污染负荷,这两个因素直接影响地表径流量及旱天地表沉积污染物量,即水质和水量两个方面。

　　欧、美、日等国家对合流管网溢流污染控制的研究成果已日渐成熟,通过雨水资源合理利用与管理,从源头加强雨水径流及合流管网溢流污染控制,从而不断完善城市排水系统。英国和法国的大部分城市保留了合流制体系,通过控制面源污染的源头措施来控制排入水体的污染物总量,使其两条主要河流莱茵河和泰晤士河的水体都得到了很好的保护。参考美国环保局 BMP 技术体系的观念及方法(为预防和减少全国水体污染而采取的行动计划、预防措施、维护手段及其他的管理措施),总结对径流污染源头控制的主要措施列于表 3.2 中。

表 3.2　排水管网清洁生产源头控制措施

控制方向	分　类	内　容
水量	径流系数改造	透水路面技术 避免大面积连续不透水区域 地表绿化
	雨水回用	景观用水 冷却用水 休闲娱乐用水

续表

控制方向	分　类	内　容
水量、水质	雨水塘	干式调蓄塘 湿式蓄水塘
	雨水湿地	人工湿地 天然湿地
	植被生物过滤设施	植草沟渠 过滤带/缓冲带 生物滞留设施
水质	渗透设施	渗透沟渠 渗透塘 渗透铺装
	物理过滤设施	表层砂滤 地下砂滤
	污染负荷控制	控制空气污染 固体废物管理 街道清洗
	雨水口控制	环保雨水口 雨水口清洁 雨水沟渠日常维护

（1）雨水回用

雨水回用与生活污水回用技术相似,是指收集一定量的雨水径流,通过简单处理使其达标回用于绿化浇灌水、车辆冲洗水、循环冷却水、非接触风景景观用水等。雨水回用一般是通过系统建筑物顶部收集来的雨水进行回用,根据其用途进行集中处理,用于对水质要求不高的一些途径。

（2）雨水塘

雨水塘是指能够处理一定量雨水的干塘或湿塘,雨水塘可以是调蓄径流洪峰的调蓄塘,也可以是蓄积利用雨水的池塘。调蓄塘在降雨过程中暂时储存雨水,雨后再按一定的速率排放,以消减降雨过程的径流洪峰;蓄水塘储存的雨水并不是雨后立即排放,一般通过蒸发、渗透、回用等逐渐去除。

（3）雨水湿地

湿地在国外长期以来作为城市污水处理的终端处理措施,从 20 世纪末开始广泛用于雨水处理。湿地去除污染物的机理包括沉淀、过滤、植物吸收以及微生物降解吸附。湿地分为天然湿地、改良的天然湿地和人工湿地。由于暴雨径流具有突发性,其水质和水量的变化较剧烈,因此采用人工湿地处理暴雨径流时,必须针对暴雨径流的特点进行合理设计。暴雨径流中颗粒物浓度较高,在进入潜流及竖流湿地前应通过预处理去除大粒径的颗粒物,以避免堵塞湿地基质。

(4) 植被生物过滤设施

植被生物过滤设施是指用于截流并处理雨水的干式或湿式植被系统,包括用于输送并处理薄层地表径流、溪流地表径流的系统。污染物通过过滤、沉淀、土壤吸附、土壤渗透而去除,能够有效去除固体颗粒,通过土壤的吸附作用也可去除部分溶解性污染物质。利用植被系统来输送雨水,从一定程度上可以处理、滞蓄、渗透雨水,有利于减少径流总量,因此条件允许时可以替代传统雨水管网,如在用地较充裕的情况下。

(5) 渗透设施

渗透系统在降雨时通过透水的介质使径流入渗,为提高设施消减径流的能力,可设计一定的调蓄空间,暴雨期间可存储部分径流,并在暴雨后使其逐渐渗入地下,这是典型的径流分散消减及处理设施。渗透系统可对径流进行水质和水量控制,既削减排放的径流量或下游洪峰流量,又降低了下游径流中的污染物含量。另外,渗透系统还能对地下水进行补给,能够提高地下水位,维持附近河流的基流流量。

(6) 过滤设施

过滤设施一般以砂、碎石、卵石或它们的混合物为过滤介质,还可以根据场地条件、材料价格、出水要求等灵活选用,木屑、炉渣等也可用作填料。该系统主要进行径流水质的控制,去除其中的颗粒物。使用时,可以在系统前加前置沉淀或滞留塘等设施对径流进行预处理,以减少颗粒物对介质的堵塞,延长填料的使用寿命。

(7) 环保雨水口

雨水口内常有污染物累积,特别是普通平箅雨水口,污染物在清扫过程中落入雨水口内,雨季在雨水冲刷下进入水体或沉积在管道中,因此应加强雨水口清洁管理与维护,及时清除雨水口内的污染物质,有效防止管道的堵塞、腐蚀等。此外,为控制雨水中的污染物,对传统雨水口进行改进,加设截污挂篮、设置沉淀区域,去除垃圾、砂石等易沉淀污染物。图3.9为环保雨水口结构示意图。在雨水口井底设置沉淀区来截流颗粒物,为避免沉积的污染物在水流冲击下悬浮并进入管道,沉淀区至少应有0.4 m的深度,如图3.9 a所示;对于具有油污等悬浮污染物的地区,可采用图3.9 b所示的雨水口,通过设置悬浮物挡板来截流油污等悬浮物,另外,还可用滤网或透水混凝土墙对雨水进行过滤。

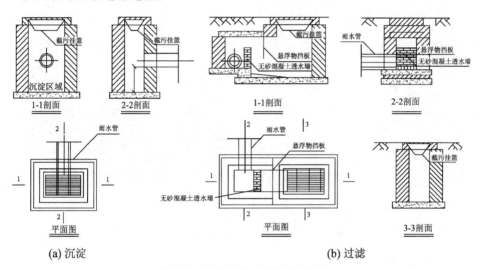

(a) 沉淀   (b) 过滤

图3.9 环保雨水口结构示意图

3.4.2 过程分析

与过程有关的子系统是收集运输子系统,清洁生产要求在"过程控制"中尽量减少污染、防止二次污染。由图3.5可以看出,污水进入管道后,除了降雨条件不可控制外,其余的管道系统参数都直接影响溢流出水水质。经分析可知,过程中的可控因素有:旱天管道沉积固体量、管网破损率、地下水渗入率、输送至泵站污水量。

适用于排水管网清洁生产管路上的控制措施主要包括:

(1) 管道冲洗

合流制管道内旱季沉积的污染物是合流制溢流污染物的重要来源,所以控制旱天管道沉积极为重要,在旱季周期性冲洗管道,将沉积的污染物输送到污水处理厂,改善雨季溢流污水水质,减小溢流污染物排放量。冲洗可采用水力、机械或手动方式,使沉积物在水流的冲刷作用下排出管道系统。该措施尤其适用于坡度较小,污染物易沉积的管线。欧美国家常用自动清洗设施对管道进行冲洗,这是预防管道沉积物的主要措施,管道的冲洗通常通过瞬时形成的水流来进行。常见的自动清洗设施有:水力平衡阀、水利自净系统(见图3.10)、真空冲刷系统。

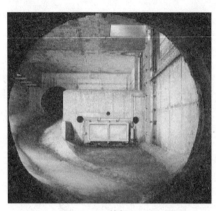 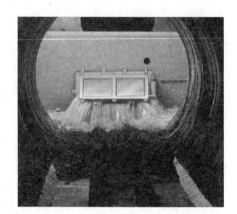

(a) 关闭　　　　　　　　　　　　　(b) 工作

图3.10　水利自净系统

（2）渗漏和渗入控制

由于管道的破损,管道内的污水会渗入地下,污染地下水;同时,当地表水位较高时,地下水会渗入管道系统,增大雨季溢流量。因此,应对管道进行必要的监测和维护,避免出现渗漏和渗入流量。

（3）管道内壁处理

在管道内壁衬有机壁面,减小管道粗糙度,增大过流能力,减少超载、回水现象的发生,减少污染物的沉淀积累。但与此同时,管道内壁的粗糙度减小不利于管道内生物膜的增长,同时也不利于污水中污染物在管道内的消解。

（4）环保雨水井

可以在排水干管上设置具有过滤、沉淀等功能的雨水井来减少污染的排放,或利用已有雨水检查井改造。井内设置格栅或滤网,但不得影响设施的排水能力;设置沉淀区域,用于去除大颗粒的非溶解性物质,避免其进入管道系统;也可以设置透水的过滤挡墙,能够更有效地去除水中的颗粒污染物;对于具有油污污染的地区(如道路、加油站、洗车场),则需要设置隔油功能区。图 3.11 是两种可供参考的雨水井结构方式。

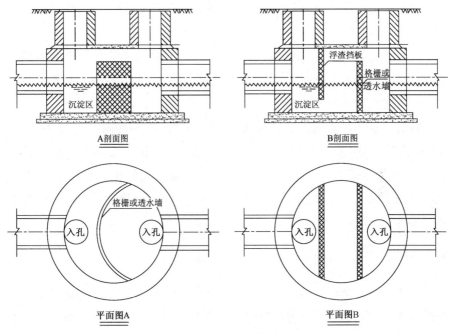

图 3.11　环保雨水井

（5）疏导分流

对排水压力较大的管线,通过建立旁通管线将流量分流到排水能力高的管系,可减少雨季溢流;也可将溢流污水分流到纳污能力强的河道。

（6）存储调蓄

在降雨初期,小流量的雨污水进入污水处理厂,当雨水流量增大时,部分雨污混合水溢流进入储存池,被储存的这部分流量在管道排水能力恢复后返回污水处理厂,这样污水处理厂的在线流量减小,处理能力满足要求,避免了含有大量污染物的溢流雨水直接排入水体。储存池的设计方式有以下几种:

① 在线存储

在线存储设施的设立有两种途径: a. 在管线上建储存池,或放大所用管道尺寸用于储存污水; b. 建流量调节设施,充分利用原有管系的存储能力。在线储存池在流量超过一定值时才能发挥其调蓄作用。

② 离线存储

在排水通道附近建储存池储存超过设计流量的污水,被储存的这部分污水在雨后返回污水处理厂。

③ 暗渠储存

大尺寸的地下暗沟(渠)本身具有较大的空间,而径流量峰值并不是同时出现在管道的各个断面,因此有较多的富余空间可用于调蓄雨污水。

(7) 雨污分流

将合流制污水管网系统改建成分流制系统,可实现雨污分离、清浊分流,从根本上消除溢流污染的产生。但分流后初期雨水未得到控制,直接排入河流,增加了排入水体的污染物量;同时,改建过程会涉及道路、建筑地下空间等限制性因素,改建工作量极大,成本高、周期长,甚至可能得不偿失或难以实施。

3.4.3　终点分析

污水通过管网输送,最后有两个终点——进入污水处理厂或直接排入受纳水体。要减小对环境的污染即意味着要减少直接排入受纳水体的污水量及污染物量。通过污水溢流子系统、污水处理子系统及受纳水体子系统的分析,排水管网终点处的可控因素有:截流倍数、污水处理厂处理量、污水处理厂污染物去除率、溢流污水量及溢流污染物量。

因此,排水管网清洁生产"末端处理"控制措施有:

(1) 提高截流倍数

截流倍数越高,被截流污水量越大,溢流污水量越小,但截流量的提高意味着管道和城市污水厂的处理能力或储存池体积要同时提高,因此工程费用也会相应增加。

污水截流是城市水环境控制的一个重要措施。截流倍数的选取要考虑的因素较多,如经济、环境、水文等。截流倍数大,则工程投资增加,环境效益好;截流倍数小,则工程投资少,但对环境的负面影响大。在我国实际工程中,截流倍数取 1~2 的较多,而欧美国家一般采用的截流倍数为 3~5。截流倍数的取值还应该综合考虑是否采取其他溢流污染控制措施和采取什么样的措施,并综合分析溢流污染控制措施和与污水厂处理能力匹配的费用及效益后做出科学决策。在确定截流倍数时可以把目标定为在环境标准许可的前提下,尽量使用较小的截流倍数。

(2)截流设施的维护

截流设施(截流井)决定了雨季截流量的多少,影响溢流污水量,因此要保证截流设施运行状况良好。

(3)沉淀池

沉淀池是污水处理中最常采用的一种设施,在溢流污染处理中也被广泛使用。污水中的固体悬浮颗粒是径流雨水中的主要污染物,悬浮颗粒与其他污染物之间也有密切的联系,沉淀能够有效去除水中的悬浮物,同时也能够去除其他的污染物。沉淀池处理 SS(Suspended Substance,悬浮物)的效率为 55% ~ 75%。当溢流量较大时,若要减小污水对水体的污染,则需要建造较大体积的沉淀池,这就增加了工程造价,可通过向沉淀池中投加混凝剂,加强 SS 的沉淀效果,以减小沉淀池体积,节省投资。沉淀池的作用是在雨水径流峰值期存储雨水,减少雨水径流的直排,同时沉降污水中的悬浮物质,在沉淀处理后排入水体。

(4)粗格栅

粗格栅用于去除大粒径颗粒物以及漂浮物,通常用于存储、沉淀以及旋流分离设备前面。

(5)旋流分离器

旋流分离器是一种分离非均相混合物的设备,在化工、石油、水处理、粉末工程、纺织、金属加工等一系列工业部门得到了广泛的应用,旋流沉砂池在小规模污水处理厂也有不少应用。近几年,美国、英国、德国、法国、捷克等国将旋流分离技术应用到城市暴雨径流、合流制溢流控制中。

水力旋流分离器应用于污染控制最早可追溯到 20 世纪 60 年代,英国的 Bernard Smisson 设计了相当原始的旋流分离器用于控制合流制溢流,该设施作为第一代分离设施能够有效去除 70% 的 TSS(Total Suspended Substance,总悬浮物)。后经改进和研发,解决了底部沉积物问题,并减少了大流量时的水头损失,目前第四代 HDVS(High Definition Video System,高清晰度视频系统)还增加了格栅自净功能。各国也开展了类似的研究,并以不同的名称注册专利。21世纪初,世界范围内用于雨水、污水、合流制溢流污水处理的HDVS在1 500台以上。

旋流分离的基本工作原理是基于离心沉降作用。混合液从旋流器上部周边切向进入分离器,沿器壁形成向下做螺旋运动的涡流(见图3.12),其中直径和密度较大的悬浮固体颗粒被甩向器壁,并在下旋水流的推力和重力作用下沿器壁下滑,在底部形成沉泥,旋流液体到达池底后改变方向,开始向上做螺旋运动,在内侧形成二次涡流,最后在顶部通过溢流堰由出水管道排出。

旋流分离器对污染物的去除基于旋流分离理论,因此密度大于水的颗粒物在离心力的作用下较重力沉淀池更容易

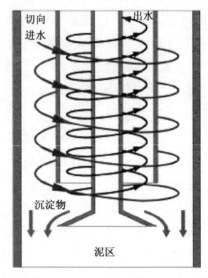

图3.12　旋流分离器工作原理

得到分离,溢流污水中的污染物主要附着在沉积物中,在旋流分离器的作用下可以更好地去除污水中的悬浮物,同时减少污染。

（6）消毒

城市污水中常含有大量细菌或病菌,是各类城市流行性疾病的潜在感染源,溢流污水中细菌含量比水上娱乐活动水体的细菌含量高2～4个数量级,为了保护水体免受细菌、病原体的污染,应及时对溢流污水进行消毒处理。欧美等发达国家针对溢流污水的消毒技术进行了大量研究,且已广泛应用于众多城市。溢流污水消毒方式有氯消毒、二氧化氯消毒、次氯酸盐消毒、双氧水消毒、臭氧消毒、紫外线消毒、过乙酸消毒、电子束辐射消毒等。

（7）脱氯

用氯气消毒后的出水中会有余氯存在,对水生生物具有毒性,须采取必要的措施进行脱除。

（8）其他工程技术方法

除以上技术外,还有溶气气浮、高速滤池、细格栅、微滤机以及生物处理

等技术,但应用较少。

(9) 实时控制

实时控制系统能够有效地使排水系统的各组成部分协调运行,通过预测调节设施运行状态,再根据系统的反馈信息调整预测,从而优化整个系统运行工况,充分利用系统的排水、储存能力,减少溢流污水量。目前 GIS (Geographic Information System,地理信息系统)已广泛应用于排水管网的数据采集与分析中,建立 GIS 排水管网信息系统可方便快捷地掌握管网运行工况,合理安排设备运行,方便进行实时控制。

第 4 章

排水管网源清洁生产

实现排水管网源清洁生产的目的是减少排入管网的雨污水量以及污染物量。

4.1 生产废水源清洁生产——零排放技术

4.1.1 废水零排放的内涵

对废水零排放的定义有如下几种：

① 排出的废水中不含有毒物质。这种定义有利于减少生产过程中有毒副产品的产生，但是并不强调减少废水量，不能促进水的循环利用和节约水资源。

② 排出的废水量可能并不少，但废水是相对安全的，其中可能含有一定浓度的可溶物质，但对于受纳水体无害。这种定义可以促进对废水的深度处理，以达到景观用水的要求。

③ 没有废水从工厂排出，所有废水经二级或三级处理后转化成了固体废物，再进行处理。这实际上是污染物在不同介质间的转移，仅就废水而言实现了零排放，并没有消除污染源。但是这种定义可以促进水的循环利用。

这三种定义侧重点各有不同，但对于环境保护都有一定的积极意义。在实际应用中，通常所说的废水零排放是指通过提高水的循环利用率，实现从工厂排出的废水量为零。

为了实现废水全面封闭循环和零排放，首先必须采取清洁生产措施，清污分流，使不同等级用水直接内部循环，减少工艺用水；其次必须采用废水处理装置以净化循环水中各类溶解性和非溶解性杂质（在线处理）。但是，即使采取多级在线处理,封闭循环系统中的工艺用水水质仍然会对操作带来系列影响。针对这些影响,不同生产工艺和产品需采取相应的措施。

4.1.2　废水零排放采用的废水处理技术

为了节约新鲜水用量,可以把废水直接回用、对部分废水进行处理除去污染物后回用或把全部废水处理再循环利用。以制浆造纸工业为例,为了达到废水回用要求,实现废水零排放,废水除了用常用的沉淀、絮聚、浮选等方法处理外,还有其他深度处理方法,可根据不同情况选择采用。

（1）化学沉淀

化学沉淀可以除去很多污染物,降低溶解金属离子浓度。通过添加适当化学药品进行沉淀后,部分金属离子便随污泥沉淀出来。通过该办法可以控制废水中的铁、锰、硅等浓度,这对漂白回用废水尤其有意义。采用 PEO 可以除去非过程元素和木材抽提物,去除率可达 90%。

（2）过滤

制浆造纸企业是连续性生产企业。因此,连续过滤除去颗粒物质和纤维物质十分重要,其中比较成熟的方法有真空转鼓过滤机,往往用它来回收纤维和填料。回收纤维后的低浓度漂白水可用于喷淋等用途。

（3）生物处理

采用生物处理方法可以处理工厂大部分废水并循环回用,作为工厂零排放工作的一部分。生物处理去除生物可降解有机物,一般来说,好氧方法比厌氧方法对残余有机碳去除能力更大,在实践中通常采用厌氧处理 + 好氧处理的工艺。

（4）离子交换和无机物吸附

用离子交换技术或通过吸附在活性钒土上,可以去除水中阴离子和阴离子污染物。离子交换技术可以用来处理高 COD 负荷的漂白废水。美国北卡州的 Canton 厂所用的金属脱除工艺（MRP）是一个紧凑的离子交换系统,包括纤维分离和离子交换系统。MRP 可以把易生成垢的木材矿物质（主要是 Ca^{2+} ）除掉,Ca^{2+}、Mg^{2+}、Mn^{4+} 的平均去除率约为 90%,Fe^{3+} 的去除率约为 70%。最新的紧凑离子交换系统能去除漂白废液中 99% 的氯化物。

（5）冷冻结晶

当水被冷冻时，最早结晶出来的是纯净水，这就使残余物中的污染物浓度增加。把结晶从水中分离出来，重复这个过程就可以获得高纯度的结晶，而残余物的固体浓度也会相应增加，把结晶水融化后就可获得很纯的水。因为冷冻水的能量比蒸发水的能量低很多，所以冷冻结晶方法在经济上有一定优势。

（6）膜技术和反渗透

在漂白车间常用膜过滤技术来降低系统中的有机物质，也可用来降低回用水的非过程元素含量，还可以用来去除漂白废水中的氯。膜过滤技术是利用半透膜把分子从液体中分离出来，主要分为电压驱动和压力驱动两大类。漂白车间由于处理废液量大，最常用的方法是压力驱动法，其中包括微滤、超滤、纳米滤和反渗透。它们的基本原理都是利用压力根据相对分子质量不同而将分子分离，相对分子质量低的分子通过膜而成为渗透液，后者即可循环回用。研究表明，用超滤可以把氧脱木素废水的 COD 去除 50%，把 H_2O_2 漂白废水的 COD 去除 30%。用超滤和纳米滤串联处理漂白车间废水，可把 COD 浓度降低 50%，非过程元素浓度降低 20%～60%。而反渗透几乎可以去除全部非过程元素（包括盐类），甚至可以去除 99% 以上的 NaCl。

（7）蒸发

蒸发技术可以用于浓缩黑液进行碱回收，但用蒸发技术处理造纸厂浓度很低的废液，把大部分蒸发冷凝水回用，把浓缩的固形物送去焚烧，从而实现零排放尚无十分成功的先例。蒸发技术最主要的缺点是高能耗、高投资、严重的腐蚀和结垢，用蒸发技术处理废水通常认为是过于昂贵而不现实的选择。

4.2　节水减排

我国是一个水资源不足、用水效率不高的国家。在水资源问题严重制约经济社会可持续发展的情况下，大力推行节约用水受到党和国家的高度重视，并已成为各级政府的重要职责。世纪之交，党的十五届五中全会通过的《中共中央关于制定国民经济和社会发展第十个五年计划的建议》提出了节水工作的指导方针:"水资源可持续利用是我国经济社会发展的战略问题,核心是提高用水效率,把节水放在突出位置。要加强水资源的规划与管理,协调生活、生产和生态用水。城市建设和工农业生产布局要充分考虑水资源的承受能力。大力推行节水措施,发展节水型农业、工业和服务业,建立节水型社会。……改革水的管理体制,建立合理的水价形成机制,调动全社会节水和防治水污染的积极性。"按照会议精神,从我国国情、水情和经济社会发展的需要出发,充分认识节水的必要性和紧迫性,深入分析节水现状、主要存在问题及潜力,理清发展思路、明确奋斗目标,全面规划今后节水工作对于指导、推进我国节水事业的发展,实现水资源可持续利用,保障经济社会可持续发展,具有十分重要的意义和作用。

4.2.1　节水的必要性

节水是指采取现实可行的综合措施,减少水的损失和浪费,提高用水效率,合理和高效利用水资源。我国国情、水情和经济社会发展的需要决定了节水是我国的一项重大国策。

(1)水资源不足是我国的基本国情,节水是缓解当前城乡缺水矛盾的长期硬性措施

我国水资源短缺首先表现为人均水资源少,不足 2 200 立方米,约为世界人均水资源占有量的 1/4。其次是我国水资源分布不均衡,与土地、矿产资源分布组合不相适应。南方水多,耕地、矿产少,水量有余;北方耕地、矿产多,水资源短缺。第三是水资源年内年际变化大。降水及径流的年内分配集中在夏季的几个月中,连丰、连枯年份交替出现,造成一些地区水旱灾害出现频繁、水资源供需矛盾突出、水土流失严重以及开发利用困难等问题。

目前,全国正常年份缺水量近 400 亿立方米,其中灌区缺水约 300 亿立方米,平均每年因旱受灾的耕地达 2 000 多万公顷,年均减产粮食 200 多亿公斤;城市、工业年缺水量为 60 亿立方米,影响工业产值 2 300 多亿元。2000 年全国 663 座城市中有 400 多座城市缺水,其中 108 座严重缺水。同年我国北方地区发生大面积干旱,粮食损失约 600 亿公斤,减产量相当于近

年平均年总产量的 11%。据不完全统计,当时全国有 136 座城市已经发生水危机或出现供水紧张状况。以往实践表明,要缓解我国城乡严重的缺水矛盾,必须把节水作为一项长期的硬性措施。

(2) 节水是保障我国经济社会可持续发展必须坚持的一项重大国策

从现在起到 21 世纪中叶,是我国实现第三步发展目标的关键时期。这一时期,我国人口在 2030 年前后将达到 16 亿,但人均水资源量只有 1 750 立方米,我国将被列入严重缺水的国家。我国实际可利用的水资源量为 8 000~9 500 亿立方米。《全国水中长期供求计划》预测,全国遇中等干旱年要实现水资源大致供需平衡,在考虑采取节水措施的基础上,2010 年总需水量为 6 988 亿立方米,2030 年为 8 000 亿立方米左右,2050 年需 8 500 亿立方米。这就是说,21 世纪中叶,我国的用水可能接近可利用量的极限值。

从社会经济发展保障情况看,即使我国在 21 世纪中叶实现 8 000~8 500 亿立方米的供水目标,人均年用水量也只有 500 立方米(比目前仅增加 50 立方米),这实际上是目前中等发达国家人均年用水量的下限值。为此,我国必须坚持开源节流并举,把节流放在首位的方针,实现以提高用水效率为核心的水资源优化配置,关键是把节水放在突出位置,实现水资源的可持续利用,以保障经济社会的可持续发展。

(3) 治理、改善和保护我国水环境迫切要求加强节水工作

我国日益恶化的水环境已影响到经济社会的可持续发展。

北方河流断流情况加剧,尤以黄河下游为甚。黄河下游在 1972—1999 年的 28 年中,利津站断流 22 年,共计 1 092 天;其中 90 年代就有 9 年连续断流,共计 901 天,约占 28 年断流天数的 83%。在断流最严重的 1997 年,利津站断流 13 次,共 226 天。黄河断流的频繁发生,加剧了主河槽的淤积,导致河道排洪能力下降,使工农业生产遭受损失,城乡居民饮水困难,严重地破坏了生态平衡,恶化了河口地区的生态与环境。

局部地区地下水大量超采。据全国地下水资源开发利用规划调查分析,全国地下水多年超采量高达 92 亿立方米,已形成 164 个区域性地下水超采区,总面积达 6 万多平方公里,部分地区已经发生地面沉降、海水入侵现象。

全国的污废水排放量在快速增长。据统计,1980 年全国污废水年排放

量为 310 多亿吨,2000 年为 620 亿吨,大量未经处理或不达标的污废水直接排入江河湖库水域。2000 年全国九大流域片的 700 多条河流有 41.3% 的河段水质在四类以上,其中劣五类水占 17.1%。据调查,90% 以上的城市水域遭到污染,对水资源造成严重破坏,加剧了水资源的紧缺程度。

另外,我国还存在严重水土流失、土地荒漠化以及沙尘暴等问题。

因水资源过度开发和不合理利用产生的这些环境问题,需要通过节水加以遏止。

(4) 实施西部大开发战略,促进社会稳定也要求加强节水

实施西部开发战略,缩小西部与东中部的发展差距,关系到我国今后经济社会可持续发展和第三步战略目标的实现。水资源是西部地区最具战略性的资源,解决好水资源问题是西部大开发成败的关键,而解决西部的水资源问题,必须立足于节水。西部开发,节水先行。

西部十一省(区)中,西北六省(区)和其他五省(区)的一些丘陵山地,目前缺水非常严重,问题不少。“水荒”在一些城乡不断出现,给人民生活造成极大不便,也严重影响了当地改革开放的形势和经济发展。目前全国 2 000 多万贫困人口主要分布在这些地区,干旱缺水是造成他们贫困的主要自然原因。

从全国情况看,因缺水引发的矛盾冲突已成为社会稳定的隐患。据统计,1991—1999 年的 10 年间,全国共查处水事违法案件 20 多万件,调处水事纠纷 8 万余件。

上述问题主要自然原因是水量不足,解决这些地区的缺水问题,加强节水工作,应是根本性措施之一。

4.2.2　国外节水情况

1. 美国节水情况

美国水资源丰富,年河流径流总量为 29 702 亿立方米,人均水量为 11 900 立方米,但地区分布不均,政府一向非常重视节水工作。从 1889 年洛杉矶市在一个酿酒厂安装了第一只水表起,美国就开始了节水的历程。美国用水高峰在 20 世纪 70 年代末,1960—1980 年美国用水量以平均 2.5% 的增长率递增,1980 年总引水量为 6 217 亿立方米;而后由于采取了节水措施,

用水量逐渐下降,1985 年总引水量为 5 526 亿立方米,比 1980 年减少了 10%,90 年代总引水量更少,比 1980 年减少 36%,而工业产值增加了3.7倍。

(1) 工业节水

美国工业节水主要通过三个途径:一是加强污水治理和污水回用;二是循环用水,提高水的利用效率;三是减少取水量和排污量。这三个方面相辅相成、相互推动。当前美国执行的 4 个 RE 政策,即减少取水量和排水量、回收水、回用水和循环用水(Reduction, Reclamation, Reuse, Recycle),正是为提高水的利用效率、减少排污,从而达到工业节水目的而制定的。

(2) 农业节水

美国农业节水主要是通过推广节水灌溉,改进灌溉技术,实行科学管理来实现的。美国是世界上农业生产较发达的国家,其灌溉既是节水灌溉,又是科学灌溉和现代化灌溉,包括监测风速、风向、湿度、气温、地温、土壤含水量、蒸发量、太阳辐射等参数,并用计算机分析指导灌溉。近 20 年间美国总灌溉面积中喷灌所占比例由 25.9% 上升到 46.6%;地面灌溉面积则不断降低,由 74.1% 降低到 55.2%(包括微灌面积 4.5%)。节水灌溉的普及,使得灌溉用水在 1980 年达到峰值后持续下降,1975 年灌溉用水量为 1 930 亿立方米,1980 年为 2 070 亿立方米,1985 年下降到 1 890 亿立方米,1995 年为 1 850 亿立方米。

(3) 生活节水

目前,美国城市人均日生活用水 382 升,农村人均日生活用水 303 升。美国生活节水主要通过推广节水设备、调节水价以及广泛的节水宣传来实现。

① 制定合理水价。美国水价管理的具体措施有四项:一是制定合理水价,水价以回收成本为原则,各类用水实行不同水价;二是水费中包括排污费,有利于废水处理和回用;三是实行分段递增收费制度,有利于节水;四是水价调整制度。

② 推广节水器具。为降低居民用水量,推进节水设备的开发和利用,美国首先是引进流量控制淋浴头,并设置水龙头出流调节器,将水龙头泄漏降至最小。其次,美国在厕所引进了节水效果显著的小水量两挡冲洗水箱。1985 年美国加州的法律规定,要求 1988 年每家装上新节水装置,每次冲水

量不得大于 5.7 升。此外,美国还推广使用节水型洗盘机和洗衣机,采用这些简单的节水措施可使家庭用水量减少 1/3,研制出的一系列节水装置一般可节约 20% 的生活用水。

③ 广泛开展节水教育。美国政府特别重视对公众的宣传教育,努力培养公众的节水习惯,使节水成为公众的自觉行动。纽约市长在 1981 年就发出号召:委派全市儿童担任该市的"副市长",监督他们的父母兄弟节约用水。美国还通过广告宣传、节水展览以及学校教育等方式,让节水意识渗透到每个公民的生活中。如每年在干旱季节开展一个声势浩大的节水宣传活动,展示节水新技术,举办节水和节能型住宅展览。此外,还向学校、社会团体和商团提供讲演和影片,免费咨询有关节水知识,并向学校提供节水出版物、参考资料、课程大纲;组织学校师生实地参观用水处理设施,并为开发高中水平的"水工"软件提供技术和经费方面的帮助。美国当局不放过任何宣传节水的机会,经常随水费单附上有关节水的新闻报道,并分发小册子,广泛征集公众对节水工作的意见。

(4) 其他节水

美国节水措施还包括降低供水管网系统的漏损水量、雨水收集利用以及海水利用等,洛杉矶供水部门中有 1/10 的人员专门从事管道检漏工作,使漏损率降至 6% 以下。同时,美国每年都大量直接利用海水,早在 20 世纪 70 年代初就有 20% 的工业用水直接使用海水,现每天利用海水 2~3 亿立方米。海水一般用作冷却水、电厂冲灰水、市政卫生冲洗用水等。

2. 以色列节水情况

以色列是水资源极度缺乏的国家,绝大部分国土属于干旱(60%)或半干旱区,水资源总量为 21.5 亿立方米,人均水资源占有量只有 365 立方米,为世界平均水平的 1/32。以色列主要的水源有三个方面,一是地下水和淡水泉,占水资源总量的 52%;二是国家仅有的地表水水库——加利利湖,占水资源总量的 31%;三是咸水及骤发雨水的经济使用,占水资源总量的 17%。所有水资源(包括雨水、洪水及污水)均由国家来管理,其职能是保证水资源的合理分配,将水资源用于公民的利益及国家的发展。

由于降雨时空分布不均匀,80% 的水源集中在北部,而大部分耕地却分布在南部,为解决水问题,以色列实施了全国性的北水南调工程,于 1947 年后相继建设成多条输水管道系统以及"全国输水管道",把北部地区相对丰富的水源引到干旱的南部地区,沿途接收山区和沿海两大地下蓄水层的地下水。以色列的北水南调工程于 1964 年建成,总投资 1.47 亿美元,每年从北部的加利利湖抽水 3 ~ 5 亿立方米,输送到 130 公里以外的以色列中部,再经过两条大致平行的支管将按照国家饮用水标准处理过的水输送到中部地区和南部的沙漠地带。

在以色列,水是一种稀有的生产资料,经过几十年的努力,以色列在水资源管理、开发利用和解决工农业用水等方面积累了丰富的经验,主要有以下几点:

(1) 严格控制和管理水资源

以色列政府认识到,水是国家发展最重要的因素,必须积极开发新水源并提高水的使用效率从而提高供水能力。为解决水资源供需矛盾,准确、公正、合理分配水资源,政府早在 1948 年就声明全国的水资源均归国家所有,每个公民都享有用水的权力,并制定了一系列水管理法律法规。其中,《水法》是最基本、最主要、最全面的法律,对用水权、水计量及水费率等方面都做了具体的规定,包括废水处理、海水淡化、控制废水污染和土壤保护等。

(2) 实施工农业和民用用水配额

以色列国家水利管理委员会每年先把 70% 的用水配额分配给有关用水单位,其余 30% 的配额则根据总降雨量予以分配。在农业用水方面,为鼓励节水,农业经营者所缴纳的用水费用是按照其实际用水配额百分比计算的,超过用水配额的,要加倍缴纳费用。在工业用水方面,为鼓励节水,主要通过水费和超额用水罚金,促使工业部门采取有效措施减少用水量,如提高水的重复利用率、污水处理回用等。

(3) 强化废水处理和污水、海水、雨水再利用

以色列除严格控制各行业对所排放的污水处理后再利用外,还对全国各工业企业和城市所排放的废水进行去污处理,使其成为"循环水"并用于农业灌溉,既节约了资源又保护了生态环境。以色列每年大约将 3 亿立方米的废水处理后用于农业灌溉,2010 年全国 1/3 的农业灌溉使用处理过的废水。以色列的海水淡化始于 20 世纪 60 年代末期,目前 Mekorot 国家供水公司运行着大约 30 套反渗透装置,最大的一座淡化厂日淡化水量为 2.7 万立

方米。雨水也是以色列农业发展的主要水源,在南部的内盖夫沙漠中,雨水是唯一的水源,虽然年降水量仅 100 毫米,却发展了农业并建立了城市,成为沙漠文明的典范。

(4) 推广先进的农业节水技术

农业用水约占以色列总用水的 80%,所以以色列非常重视农业节水。以色列农业灌溉所用水源以及输水管网的建设和管理都由政府来负责,政府将灌溉用水直接输送到集体农庄或农户的地边。对于田间灌溉设施的投资,政府还提供 1/3 的资金补助,银行对发展节水灌溉的农户还提供长期低息贷款。

首先,在农业灌溉中全面使用先进的节水灌溉技术。以色列是世界上节水灌溉最发达的国家,其农业灌溉已经由明渠输水变为管道输水,由自流灌溉变为压力灌溉,由粗放的传统灌溉方式变为现代化的自动控制灌溉方式,由根据灌溉制度灌溉变为按照作物的需水要求适时、适量灌溉。目前以色列节水灌溉面积已经发展到 25 万公顷,占到耕地总面积的 55% 左右,其中微灌占 40%,喷灌占 60%。以色列节水灌溉系统自动化管理水平非常高,从 20 世纪 80 年代以来,其微灌普遍采用计算机控制,先进的传感系统可自动传回有关土壤湿度的信息,并检测植物的茎和果实的直径变化,最终实现灌溉的自动调节。目前,以色列的水管理已普及计算机自动控制,在各个水管理单元均由计算机随时监控所属范围内各种设备的状况、运行参数,当因某种原因使管网某处的运行参数偏离规定范围时,计算机会及时发出指令,启动相关设备,使运行参数恢复正常,从而保证系统运行的可靠性。自动控制虽然投资很大,但其效益显著。农业灌溉由于普遍采用电脑控制的滴灌和喷灌技术,用水量减少了 30%。在以色列,已经出现了在家里利用电脑对灌溉过程进行全程控制(无线、有线)的农场主。

其次,以色列长期致力于开发农业节水新技术和新设备,建立了较为完善的节水灌溉技术研究、开发、生产、培训、销售和服务体系,不断研究和开发各种先进的节水灌溉技术和设备,不仅极大地促进了节水灌溉的发展,而且其节水技术和设备等也大批进入国际市场,成为一个具有竞争优势的产业。以色列每年在节水灌溉技术和设备研制开发方面的投资达上亿美元,仅滴灌设备,每年就要推出 5 ~ 10 种新产品。

　　第三,以色列在农业经营方面总是面向国际市场,发展高产值农作物,将宝贵的水用于高效益作物,提高节水效益,促进农业节水良性循环。

　　(5) 重视生活节水

　　在以色列,居民用水量仅次于农业用水量,随着居民生活水平的提高和人口的增加,其耗水量也大量增长。以色列于1955年引进水计量和分段超量加价办法,大幅度降低了耗水量。起先是对整座居民楼的用水计量,用水费用在各户中分配,进而对每一用户进行用水计量。

　　为推进节水设备的开发和利用,降低居民用水量,以色列着先是在厕所引进了节水效果显著的小水量两挡冲洗水箱,其次引进了流量控制淋浴头,限制淋浴头出流为8～10 L/min,并设置水龙头出流调节器,将水龙头泄漏降至最小。以色列还采用带有蒸发冷却器的回流泵,这些冷却器可降低80%的耗水量(由200 L/h降到40 L/h)。

　　为增强群众的节水意识,以色列还开展了广泛的群众节水运动,包括借助传媒宣传节水的意义及方法。以色列的群众性节水运动取得了很好的成效。1987年以前,随着生活水平的提高,耗水量不断上升。在1989—1991年间,由于节水工作的开展,耗水量有了大幅度下降。1990年以色列城市用水量约为4.5亿立方米,其中约73%是居民或家庭用水,其余为公益及商业用水,包括风景区及公园灌溉。目前,城市用水约为6.4亿立方米,人均年耗水量约为70立方米,而人均家庭用水仅50立方米(137升/日)。由于各城市间生活水平及设施水平、用水途径不同,因此各城市年人均总耗水量差别较大,从30立方米到120立方米不等。

　　(6) 开发新产品,降低供水管路损失

　　为控制输水系统水量损失,以色列研制出一系列先进的产品,其中克劳斯(Krausz)金属工业公司开发出的克劳斯液压夹具,不仅便于安装,可用来代替各种材料管道的环接头,连接任何直径在50～200毫米之间的管道,而且在使用时不必进行特别开挖、焊接及管道边缘的抛光作业,只需极少量工作人员即可较快地完成维修任务,即使在水下也易于装配。此外,采用克劳斯夹具还能大量节水,以前维修长1公里、直径350毫米的管道,要损耗水1 000立方米,而用克劳斯夹具后,只要把夹具直接夹在有裂缝的地方即可,无需排空管道中的水。以色列国家供水公司在对内盖夫西部地区3 600平方公里面积上的输水管道进行维修时,采用克劳斯液压夹具,维修次数由原来的一个星期 10 次下降到一个月 1~2 次,维修一处管道的时间也降到原来的 1/10,大大缩短了维修时间。目前这种夹具在农业、城市供水系统、海洋钻孔和工业等方面发挥着巨大的作用。

3. 日本节水情况

日本四面环海,雨量比较丰富,平均降雨量为 1 714 毫米,约为 6 600 亿立方米,是我国年均降水量的 2.6 倍,高出世界各国平均量近一倍。但减去入海流量和蒸发量后,其利用量仅为 915 亿立方米,国民平均每人利用量约为 770 立方米,一般居民生活用水水平为人均 300~400 升/日。1994 年,日本使用淡水 908 亿立方米,其中地表水 778 亿立方米,地下水 130 亿立方米。另外,利用海水 1 853 亿立方米。就水环境而言,日本条件并不优越,所以日本很重视节水,他们认为节约用水与水资源开发是保证城市正常供水的两个可靠支柱。

(1) 依法管理保护水资源

日本的节水有着完善的管理办法,并以此来制约、规范全国的水事活动。政府于 1973 年制定了《控制水道水的需要量的措施》,以推行各种节水措施和促进水的有效利用,并在 1985 年将"控制水道水的需求措施委员会"改为"推行建设节水型城市委员会",更加努力地充实和推行节水措施。日本还制定了《节约用水纲要》,动员市民共同努力,建设节水型城市。

为防止地下水超采,日本工业用水法规定,在地面下沉地区,开采地下水供工业用水,须经都道府县知事批准。日本建筑物用水法规定,在地面下沉地区开采地下水,须经当地市长批准。为增加地下水量,防止地面下沉和海水入侵,日本还进行人工补给地下水,水源除雨水外,还可用河水,经过三级处理的污废水,或将浅层地下水灌入深层。地下水补充一般有三种方法:一是用灌水井补给地下水;二是用雨水渗透槽补给地下水;三是用地下埋管法补给地下水。

(2) 分行业制定用水定额,实行阶梯式水价

水价调节是日本促进节水的手段之一。日本水价采用分段递增制度,既能保证低收入用水户能得到用水保障,又反映了节约用水的经济手段。例如家庭月用水量为 10 立方米、20 立方米、30 立方米的水价比分别为 1∶2.6∶4.2。一般

家庭用水在 10 立方米左右,价格较低,超过 10 立方米基本用水量,水价增幅很大。日本各行业间水价标准差别较大,水费分为生活水费、工业水费和农业水费,比例为 18.5∶3∶1。此外日本还实行限制用水措施,对需水量大的单位规定用水量指标,用水单位须制订出用水计划,并实行超量加价水费制度促进节水。

（3）农业节水概况

1997 年,日本全国的用水总量为 887 亿立方米,水稻种植等农业用水量占 66%。日本农业节水措施主要有渠道衬砌、管道输水、水稻控制灌溉、旱地喷滴灌等。从 20 世纪 60 年代中期开始,日本农业用水量逐步上升,1975 年为 570 亿立方米,1980 年为 580 亿立方米,1985 年为 585 亿立方米。80 年代中期以来,由于节水技术的推广,农业用水量已趋于稳定,1985—1994 年的 10 年间仅增加 2 亿立方米,到 1997 年,日本农业用水又降为 585 亿立方米。此外,海水灌溉和废水灌溉也是日本一项节水新技术,日本用海水灌溉苜蓿,结果产量大增。目前,科学家们正在培养适应海水灌溉的糖、油、菜类等农作物。

（4）工业节水概况

20 世纪 80 年代以来,日本经济发展迅速,工业增长速度在发达国家中名列首位,由于采取了节水措施,工业(不包括电力)取水量自 1973 年达到高峰之后逐步下降。1965—1973 年取水量增加了 38%,而在 1973—1986 年的 13 年间,工业取水量不仅没有增加,反而持续下降,1986 年取水量比 1973 年减少了 20%,1986 年以后略有增加,到 1997 年底,取水量约为 138 亿立方米,占全国总用水量的 15.5%。

（5）生活节水概况

日本城市生活用水量从 20 世纪 60 年代中期开始猛增,到 1975 年增加了 1.6 倍,约为 123 亿立方米。1975 年以后,由于节水工作的开展,用水增长趋于缓慢,但由于人口增加、第三产业的发展,以及家用设备的现代化,城市生活用水总量仍持续增加,从 70 年代到 90 年代的 20 多年间,日本人均用水量增加了 1 倍,生活用水总量增加了 3 倍多,1990 年生活用水量为 166 亿立方米,1994 年达 177 亿立方米。为减少水的浪费,改变人们“水资源取之不尽”的错误认识,日本大力宣传节约用水,制定了全国“水日”和“水周”,并在小学课本中编入节水内容,促使人人节约用水。同时,日本在全国范围内全面推广节水器具,并对节水效果好的节水器具给予奖励。日本的水龙头、水洗式厕所、洗衣机等都进行了工艺改进,节水龙头可节水 1/2;采用真空式抽水便池,可节水 1/3;节水型洗衣机,每次可节水 1/4。到 1997 年,日本生活用水量为 168 亿立方米。

（6）污水治理回用及海水利用

日本污水治理的主要措施有 3 项:一是制定水质标准,加强水质管理;二是设置水质监测站网,控制污废水排放,促进循环供水;三是按流域布置下水道,在下水道末端,普遍设置污废水处理厂,以便集中处理污废水。1988年,全国 738 个下水道终端处理厂生产的处理水约 83 亿立方米。有 70 个污水处理厂将处理水送出厂外供再利用。日本有着先进的污水处理设备,目前大部分都是采用快滤系统处理(占 75.9%),最新的技术有膜过滤技术、活性炭处理、臭氧处理以及生物处理。日立公司的膜净水系统,可使处理后水的浊度达到 0.1 度以下,与原来相比,可去除用传统的砂滤方法难于去除的那些菌类物质,能稳定提供高质量的饮用水。

日本处理后的污水大量用作小区和建筑物中冷气、暖气、冲洗厕所、洗车等生活杂用水,并配有专门管道进行输送,这种供水系统称为中水道系统,日本中水道技术处于世界领先地位。中水用量占居民生活用水的 20%,占办公楼用水的 50%。东京目前有 150 多个居民区设置了中水道,每日利用经过处理的污废水量达 2.1 万立方米,许多大楼设置了中水道,以便利用经过三级处理的污废水。

此外日本还积极开发新水源,如海水利用、雨水利用等。日本的节水工作成效显著,1975 年,日本人口为 1.11 亿,GDP 为 25 645 亿美元(1995 年价),用水总计 876 亿立方米,万元 GDP 用水量为 342 立方米。到 1995 年,日本人口为 1.25 亿,GDP 为 50 630 亿美元(1995 年价),用水总计 908 亿立方米,万元 GDP 用水量为 185.7 立方米,比 1975 年降低近 1/2。

4.2.3　我国节水发展情况及其效果

我国农业节水发展较早。为了提高农业用水效率,20 世纪 50—60 年代我国就开展节水灌溉技术研究;70 年代初重点对自流灌区土质渠道进行防渗衬砌;70 年代中期开始试验推广喷灌、滴灌等节水灌溉技术;80 年代对机电泵站和机井灌区推行节水节能技术改造;80 年代中期到 90 年代初,在北方井灌区推广低压管道输水技术;从 90 年代开始,逐步实现工程技术、农业技术和管理技术的有机结合。

工业节水和城市生活节水工作开始于 20 世纪 70 年代末 80 年代初。随着我国北方一些城市和地区出现供水形势紧张局面,节水作为一种有效缓解措施得到广泛重视和采用。

从中央到地方,目前都基本建有节水机构,普遍开展了节水宣传,制定了一些节水管理法规,整个节水工作有了一定的基础,取得了一定成绩,万元 GDP 用水量已从 1980 年的 9 820 立方米降到 2000 年的 610 立方米。在生活节水方面,全国所有城市和绝大部分市镇,都基本做到了计量安装水表收费,基本取消了居民生活用水包费制,一些重要城市,如北京、天津等还出台了一些严格的定额管理措施,实行计划用水、超计划加价的办法,减少浪费、提高用水效率。在工业节水方面,目前全国用水重复利用率普遍比 20 世纪 80 年代初提高近 40%;若以 1983 年为基准,一般工业用水仅按提高重复利用率一项计算,1997 年年节水量就达 317 亿立方米;工业节水使污水排放量大为减少,1998 年县以上工业总污水量就比 1995 年减少 75 亿立方米,工业废水排放量比 1995 年减少 51 亿立方米,比 1990 年减少 78 亿立方米;2000 年沿海城市利用海水量为 141 亿立方米。在农业节水方面,"九五"期间全国用于节水灌溉工程建设的投资达 430 亿元,重点组织实施了 300 个节水增产示范县建设和 200 多个大型灌区以节水为中心的续建配套和技术改造。全国发展工程节水灌溉面积近 800 万公顷,累计达到 1 667 万公顷,灌溉用水效率明显提高。另外,推广节水灌溉和农艺节水、生物节水、管理节水等非工程节水面积 1 333 万公顷。与 1980 年用水相比,因为单位面积用水量下降,实现年节水量 753 亿立方米。在节水产业发展方面,节水设备、具器的研制、生产、销售、推广、服务从无到有,从小到大,正逐渐形成规模,已成为我国的新兴产业。

从宏观上来说,节水效果主要反映在对用水总量和用水定额的影响以及对水资源供需平衡的作用方面:

(1) 节水延缓了总用水量的增长

我国用水主要在新中国成立以后得到很大发展,随着人口的增加和经济社会的发展以及水资源开发利用活动的加强,全国总用水量已从 1949 年的 1 031 亿立方米,发展到 2000 年的 5 500 亿立方米左右,增加了 4 倍多。其中 1949—1957 年年增长率为 8.9%,1957—1965 年年增长率为 3.7%,1965—1980 年年增长率为 3.3%,1980—1990 年年增长率为 2.0%,1990 年以后缓慢波动增长,平均年增长率为 1% 左右。1980 年后,国民经济在基本保持 8% 左右的年增长率的情况下,全国人均用水量基本稳定在 440 立方米左右。

从分部门用水看,节水对农田灌溉用水量的影响最大,1949—1980 年,全国农田灌溉用水量从 956 亿立方米增加到 3 580 亿立方米,平均年递增率为 4.34%,而 1980 年后,虽然前期有一定增长,但后期逐渐趋于稳定,特别是“九五”期间,农田灌溉用水总量基本维持不变,而全国平均每年新增灌溉面积 80 多万公顷,粮食从 4 665 亿公斤提高到 5 000 亿公斤,农、林、牧、渔、果、菜、茶全面增收。

(2)节水使农业、工业用水定额减少,用水效率提高

1980 年我国农田实灌面积为 4 092 万公顷,灌溉用水量为 3 580 亿立方米,单位面积实际灌水量为 583 立方米。到 1993 年实灌面积为 4 320 万公顷,灌溉用水量为 3 440 亿立方米,单位面积实际灌水量为 531 立方米。与 1980 年相比,粮食总产增长 42.4%,用水量却下降 3.9%,每公顷灌水量和吨粮用水量分别下降了 8.9% 和 32.5%。2000 年我国农田实际灌溉面积为 4 827 万公顷,灌溉用水量为 3 466 亿立方米,单位面积实际灌水量为 479 立方米,比 1980 年下降了 104 立方米,年节水 729 亿立方米;与 1993 年相比,单位面积实际灌水量下降了 52 立方米,年节水 376 亿立方米。

据统计分析,工业通过产业结构调整和采用其他节水措施,万元工业增加值新水量已从 1980 年的 2 288 立方米(含火电)下降到 2000 年的 288 立方米。全国工业用水重复利用率(含农村工业)从 1983 年的 18%,提高到 1993 年的 45%,再提高到 2000 年的 53%,其中城市工业用水重复利用率(不含火电)在 1997 年达到了 63%。

(3)节水使全国水资源供需形势保持了基本的稳定

根据 1980 年全国第一次水资源评价资料分析,全国遇中等干旱年,缺水为 389 亿立方米;1993 年全国水中长期供求计划资料分析,缺水量虽为

225 亿立方米,但可供水量中有一定数量的地下水超采量和一部分超标污水直接用于灌溉,实际总缺水量为 300 ~ 400 亿立方米,缺水总量基本与 1980 年持平。

4.2.4 我国的节水潜力

我国用水效率较低,水资源配置还不太科学、合理。不论农业、工业,还是城镇生活用水都存在严重的浪费现象,节水潜力很大。

(1) 现状用水效率较低,相比先进国家节水潜力大

长期以来,我国经济社会发展一直走的是粗放型资源利用的模式,表现在用水方面,即普遍存在用水浪费和利用效率不高的情形。2000 年,我国万元 GDP 用水量为 610 立方米,是世界平均水平的 4 倍左右,是美国的 8 倍左右。具体到农业、工业、城镇生活用水的情况是:

① 农业用水绝大部分为农田灌溉用水,主要由各类水利工程供水,形成分布于全国的大、中、小型灌区。据分析,全国灌区农业用水利用率只有 40% 左右,部分地区灌溉单位用水量偏高,仍存在大水漫灌现象,而发达国家农业用水利用率可达 70% ~ 80%。

② 全国工业用水重复利用率不到 55%(含农村工业),而发达国家则为 75% ~ 85%。2000 年全国工业万元产值用水量 78 立方米,工业万元增加值用水量 288 立方米,是发达国家的 5 ~ 10 倍。

③ 城镇生活用水存在以下情形:一是供水跑、冒、滴、漏现象相当严重,据分析,全国城市供水漏失率为 9.1%,北方地区城市供水平均漏失率为 7.4% ~ 13.4%,有 40% 的特大城市供水漏失率达 12% 以上;二是节水器具、设施少,用水效率较低,如北方地区 245 个城市 1997 年人均家庭生活用水为 123 升/日,已接近挪威(130 升/日)和德国(135 升/日),并高于比利时(116 升/日),而三国经济发展水平和生活条件远高于我国,说明我国存在明显的浪费。

因此,我国用水如能向先进发达国家看齐,即使达到国际平均水平,节水量也是非常巨大的。

(2) 节约传统淡水资源措施较多,可因地制宜选择

随着传统淡水资源(地表水、地下水)日趋紧张和科技手段不断进步,国

内外纷纷把节水目光转向非传统水源,我国在这方面有较大潜力:

① 污水处理回用是一条重要的节水途径。2000 年全国污废水排放量达 620 亿立方米,各城市陆续开始对居民生活用水征收污水处理费,建设排水渠道的清污分流设施和污水处理厂,城市污水再生处理水平将会有较大提高。尤其是缺水地区的一些城市正在全面规划污水资源化的行动,城市清污排水设施和污水处理厂的建设将全面得到发展,城市污水处理率将会显著提高,回用量将进一步增大。

② 利用海水替代一部分淡水是沿海地区节约淡水的一项重要措施。我国的大陆海岸线长达 18 000 多公里,沿海遍布城市、港口和岛屿,具备利用海水的较好条件,随着经济社会的发展和淡水资源供应紧张,海水淡化、直接利用海水替代冲厕、冷却水等利用海水事业也得到一定的发展。2000 年我国利用海水 141 亿立方米。

③ 微咸水利用有一定前景。我国微咸水面积分布很广,数量很大。如华北平原含盐量为 $2 \sim 5$ g/L 的微咸水就约有 22 亿立方米。西北微咸水分布面积也很广。沿海城市地区微咸水面积也不小,如天津范围微咸水面积就达约 8 000 平方公里。咸水体的大量存在不仅给土地带来严重的盐碱化,影响作物产量,也使地下水长期处于饱和状态,占有地下库容,不能调蓄,影响抗旱、防涝和治碱。因此,对微咸水不仅存在利用问题,也存在改造问题。在直接利用微咸水抗旱方面,我国新疆、宁夏、甘肃、河南、河北等农村都有长期利用微咸水浇地获得一定高产的经验。

④ 雨水利用为干旱缺水地区开辟了一条节水新路。由于世界性的水资源危机,许多国家,特别是处于半干旱地区的国家和一些岛屿,对雨水利用给予高度重视。我国西北和华北部分地方的群众大搞水窖等雨水集蓄工程,西南和中南等地方的群众大搞水池、水柜、水塘等小微型蓄水工程,中西部 10 多个省(自治区、直辖市)目前共建成集雨水窖、水池、水柜、水塘等小微型蓄水工程 460 多万个,不仅解决了 2 300 多万人的饮水困难,而且为 147 万多公顷农田抗旱提供了水源。

4.2.5　节水技术

我国把节约用水放在解决城市水资源问题的优先地位,并将其作为一项国策,大力加强节水宣传教育,增强全民节水意识。从水资源可持续利用高度看,节约用水是一项具有战略意义的长期任务,应通过坚持不懈的节水宣传教育,在全民中树立对水资源的忧患意识,使节水成为全民行动和社会风尚,使我国逐步成为节水型社会的国度,其潜在意义是深远的。

城市生活用水包括城市居民、商贸、机关、院校、旅游、社会服务、园林景观等用水。目前城市生活用水占城市用水量的55%左右,随着城市的发展还将进一步增加;城市生活用水与人民群众日常生活密切相关,目前人均生活用水量为212升/日(其中设市城市为228升/日)。城市生活节水对于促进节水型城市的建设具有重要意义。

目前,国内在节水型器具和中水道等技术研发方面已具有一定的基础。我国的用水器具节水技术发展过程大致可分为四个阶段。

第一阶段:20世纪80年代,主要解决了便器(马桶)漏水和水嘴漏水的问题。经政府主管部门的努力与政策导向、相关企业工程技术人员的研究与开发,用水器具基本上解决了漏水问题,并建立了技术监督机制。

第二阶段:20世纪90年代,解决水嘴的节水技术问题是通过采用陶瓷片水嘴取代螺旋升降水嘴的方法。陶瓷片水嘴的主要优势在于:① 速开、速关。用水时即刻打开,不用水时可快速关闭,减少了开关时间和水的用量。② 水嘴增加充气头,减缓流量,放出来的水带气泡,洗手、洗菜、清洗污物时可节约40%的水量。③ 使用陶瓷片做密封件的水嘴使用寿命可达到开关20万次。目前,我国已经制定、发布了国家的强制性标准。

第三阶段:20世纪90年代中期,引进欧洲"6升水便器配套系统"的冲洗技术,经我国技术人员的研究与开发,产品国产化已经完成,并已达到国际先进水平。

第四阶段:政府主管部门已经批准立项,与相关方共同着手研究厨房、卫生间系统、盥洗系统、洗浴系统、便器系统、洗衣机系统的项目以及循环水的利用和节水标准的制定等。

国内节水型水龙头主要有非接触自动控制式、延时自闭、停水自闭、脚踏式、陶瓷磨片密封式等节水型水龙头,并淘汰了建筑内铸铁螺旋升降式水龙头、铸铁螺旋升降式截止阀。

推广节水型便器系统重点推广使用两挡式便器,新建住宅便器小于

6 升。公共建筑和公共场所使用 6 升的两挡式便器,小便器推广和非接触式控制开关装置。淘汰进水口低于水面的卫生洁具水箱配件、上导向直落式便器水箱配件和冲洗水量大于 9 升的便器及水箱。

推广节水型淋浴设施包括集中浴室普及使用冷热水混合淋浴装置,推广使用卡式智能、非接触自动控制、延时自闭、脚踏式等淋浴装置;宾馆、饭店、医院等用水量较大的公共建筑推广采用淋浴器的限流装置。

目前,我国应突出研究生产新型节水器具,研究开发高智能化的用水器具、具有最佳用水量的用水器具和按家庭使用功能分类的水龙头。

4.3　生活污水源清洁生产——分质处理与处置及资源化技术

4.3.1　污水资源化

污水资源化又称废水回收(waste water recovery),是把工业、农业和生活废水引到预定的净化系统中,采用物理的、化学的或生物的方法进行处理,使其达到可以重新利用标准的整个过程。这是提高水资源利用率的一项重要措施。各种污水(工业废水、农业污水和生活污水等)的性质和物质组成有很大差异,需用不同的方法处理后回收利用。中国各城市的污水排放量日益增加。1991 年 6 月,国家环境保护局发布的《1990 年中国环境状况公报》指出,1990 年全国污水总排放量为 254 亿立方米,即为日排 9 698 万立方米,其中工业废水占 70.3%。污水经处理后转化为可利用的水资源,对于城市发展而言具有双重意义:一是减少污染,保护环境;二是增加水资源,缓解缺水危机。根据国内外经验,废水回收主要回用于工业循环水、区域非饮用供水、推广中水技术和中水利用、再生水用于农业、回补地下含水层,或作为城市绿化、环境卫生用水等。

随着社会经济的快速发展和城市化建设进程的加快,城市缺水问题日益突出。很多城市居民生活和生产用水困难,城市供水安全受到威胁,严重影响了城市的可持续发展。日益增加的水危机及衍生出的生态问题如不及时有效地解决,必将制约中国经济发展第三步战略目标的实现。

面对日益严峻的水资源短缺问题,世界各国都在不遗余力地研究对策。近几十年来,雨水蓄用、跨流域调水、海水淡化等方法普遍受到重视。上述方法在一定程度上都能缓解水资源供需矛盾,然而许多工程实例和数据表明,污水回用应是解决水资源短缺的"第一方案"。而最重要的原因在于:① 近距离回收、处理和分配利用;② 水量集中、持续稳定和供给可靠;③ 受自然气候影响较小;④ 不会发生水源归属权限争端。

1. 实现城市污水资源化的技术经济可行性

实现城市污水资源化,就是最大限度地对污水进行处理和再生利用,而污水处理和再生利用是对水自然循环过程的人工模拟与强化。城市污水回用在发达国家已得到迅速发展,技术问题也基本解决。

美国有300余座城市实现了污水处理后再利用。日本早在20世纪60年代就开始利用城市污水,如今已拥有诸如东京都江东地区工业水道、川崎工业水道等一大批供给工业区的大型工业水厂,大部分地区利用污水处理水进行"清流复活"。城市用水的严重紧缺和水资源可持续利用的客观需求,要求人们将污水加以净化处理和重新利用,以保证水资源的开发利用,从而满足社会经济可持续发展的需要。城市供水的80%转化为污水,经收集处理后,其中70%可以再次循环使用,在现有供水量不变的情况下,使城镇的可用水量增加50%以上,这是一笔巨大的资源。有资料显示:我国南水北调中线工程每年调水量为100多亿立方米,仅主体工程投资就超过1 000亿元,其单位投资为3 500～4 000元/吨。如果我们把节水和污水再生利用工作做好,就会有效地提高城市供水的可靠性,从而可最大限度地降低对外部水源的依赖程度,也就有可能减少和延缓远距离调水,由此产生的经济、环境和生态效益不可忽视。

城市污水再生利用的经济可行性主要体现在以下方面:① 污水回用可以减少供水设施、给水处理的费用,降低对建设和更新改造水基础设施投资费用。如水坝、城市污水排放及相应的排水工程投资与运行费用。② 城市污水资源作为"第二水资源",是一种替代供水源,经过处理完全可以回收用于工业、农业、市政等领域,满足经济社会可持续发展的需要。③ 因为污水中有农作物可以吸收的营养物质,所以只要处理后的污水符合农田灌溉标准,就可以将其用于农业生产,从而节约肥料的使用量。

2. 城市污水回用的社会效益与环境效益

（1）社会效益

回用污水可增加总的可供水量,避免缺水造成的损失,而且污水回用的补充和替代作用可改善生态与社会经济环境,促进工业、旅游业、水产养殖业、农业和牧业的发展,满足人口增加对水的需求量。例如,北京市日产污水量为 240 万吨,已经建成的污水处理厂日处理能力达到 128 万吨。如果这些处理后的污水能够全部回用,每天将可减少自来水用水量 47 万吨,一年可为北京市节约自来水 2 亿吨。

（2）环境效益

污水回用可减少污水排放量,从而减少进入水体中的营养物含量,这有助于改善生态和社会经济环境,提高水环境质量,改善生存环境,促进和保障人体健康,减少疾病,特别是致癌、致畸、致基因突变危害。

城市污水资源化是一个系统工程,在保证人体健康不受威胁的前提下,尽可能将污水的处理与回用相结合,逐步提高污水的再生回用水平;再生水处理设施的布局应将集中与分散相结合,既体现规模效益,又减少回用水管道的投资;再生水用户的选择要按照"先近后远,先易后难"的原则,逐步扩大再生水的用户和用量。

3. 实现城市污水资源化的基本途径

经过处理后的城市污水,是城市可利用的稳定的淡水资源。污水再生利用不仅减少了城市对水的需求量,而且削减了对水环境的污染负荷。再生水可应用于以下几个方面：

（1）农业灌溉用水

城市污水经二级处理后一般都能达到国家制定的农田灌溉用水水质标准。目前应加强工业污水和城市生活用水的处理率。如果污水处理厂周围是农田,那么污水处理厂的出水用于农田灌溉是最好的途径,这既能节约输水工程的投资,又可将再生水就近得到利用,还可将二级污水处理厂出水的氮、磷去除标准放宽(只限农业灌溉用)。

（2）工业用水

工业用水应根据不同行业的用水水质标准,在二级污水处理厂的出水基础上,由企业再做进一步的处理,作为生产用水以达到节约优质淡水资源的目的。例如,电力、化工企业冷却用水水质标准相对较低,但需求量较大。大连春柳河污水厂 1992 年建设投产了污水再生设备,产量为 10 000 立方米/日,主要用于热电厂冷却用水,少部分用于工业生产用水,运行 10 年来效果良好,效益可观。电子行业的用水水质标准较高,这就要求此类企业对污水进行深度处理。

（3）城市河道景观用水

城市湖泊、河道由于水源紧张,有的河床处于无水状态,甚至成为排放污水的臭沟,使城市景观不仅受到不良影响,而且失去了河道在城市景观中的功能。国家对景观水质制定了标准,经过二级处理的污水水质符合景观用水水质标准,在卫生指标上加以再处理即可达标。将处理后的城市污水,补充无水源保证的风景观赏河道,使城市景观得到改善。

（4）市政、园林用水

随着人们生活质量的不断提高,城市道路喷洒、园林绿地浇灌的用水量会逐年加大。将优质的淡水用于道路喷洒、绿地浇灌是一种浪费。只要将再生水经处理后达到杂用水标准就可以再生水代替自来水作为市政、园林用水,这也是节约优质淡水资源的途径之一。

（5）生活杂用水

再生水经过二级污水处理厂处理达到符合国家生活杂用水水质标准,可弥补由于自来水限量供应造成的用水量不足。特别是集中的居民小区、中高档饭店、写字楼、别墅使用生活杂用水更为方便。生活杂用水可用于家庭卫生间冲洗马桶用水,擦洗地面用水以及小区内坑塘补充水,小区道路喷洒水,树木、草坪、鲜花浇灌水等。

（6）利用现有坑塘储存再生水

污水处理厂是常年运行的,而再生水的利用是有季节性或时差性的,因此会发生再生水剩余的问题。事实上,可利用现有的坑塘或兴建简易的水库,将这部分再生水储存起来作为备用水源。

（7）地下回灌用水

地下水的开采量过大将会引起地面下沉。我国一些城市地面下沉极为严重,平均每年下沉 10 厘米多。为了控制地面下沉,除限制开采量或禁止开采外,还可采取回灌措施。再生水可以作为回灌水的水源,达到回灌的水质要求方可回灌。

4.3.2　分质处理与处置及资源化技术

20 世纪 70 年代初,经济发达国家开始认识到污水回用可作为城市第二水资源。40 多年的经验已充分显示,城市污水的再生利用是开源节流、改善生态环境、解决城市缺水问题的有效途径之一。根据不同的用水水质要求(如农业灌溉、市政杂水、工业用水、一般景观生态用水、非直接饮用水源水),城市污水经不同程度处理后可再次利用,满足不同方面、多种品质的水资源要求。与其他几种新水源如海(咸)水淡化、雨水资源收集利用以及远距离(或者外流域)输水比较,城市再生水作为新的供水水源在资源可靠性、技术进步潜力、生态和环境影响、工程效果等方面都具有足够的战略发展优势。

城市生活污水的收集和处理可分为集中式与分散式污水处理模式。集中式处理系统可以解决环境水污染问题,在污水处理中占主导地位。由于经济与社会发展,集中式处理模式越来越反映出建设和维护费用巨大、污水回用困难、营养成分难以有效回收等诸多弊端。分散式污水处理系统是集中式污水处理模式的有效补充,虽然解决了其中的许多问题,但同样存在不足之处。随着循环经济和生活污水源分离、分质处理和资源化理念的提出,许多研究者和技术人员开始关注该领域并开展了大量研究工作,发展非常迅速。

1. 污水集中式排放与处理模式

集中式污水收集和处理系统是排水体制的主流。集中式排放与处理是指在一个城市建立庞大的污水管网收集体系,并建立集中的污水处理厂,生活污水经过处理后排放到周边水体,或在达标排放的基础上深度处理后回用。其主要特征是统一收集、输送和处理,见图 4.1。

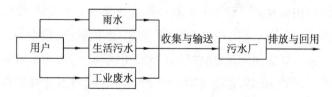

图 4.1　污水集中式排放与处理模式

集中式生活污水回用处理系统是市政工程中的标准管理系统,在很多工业发达的城市中,污水的集中处理回用系统占主导地位。污水集中回用处理的优点较多,最重要的是处理厂能够可靠、高效地管理和控制污水处理的运行。而且,许多人也认为大规模处理厂与大量的小型处理设施相比,基建投资和运行费用较少,但也存在许多不足之处,如:

① 管网建设和维护费巨大,再生水另建管网远距离送回城市后水质又下降,且水被多次输送,成本大幅上升;

② 多次输水时渗出的水会污染土壤和地下水;

③ 各种污水和雨水混合使污染物去除困难,且氮、磷等不能进行有效再利用;

④ 大量污泥有处理处置费高、最终归宿等问题;

⑤ 管道末端系统往往是水体上游城市取水,下游城市接收污水。

据测算,当前城市优质饮用水中用于烹饪、饮用等占 1% ~ 3% ,约 98% 的水用于其他方面,大量优质水仅用于将污染物输送到污水厂集中处理。在城市污水处理中可能趋向"零排放",从而终结"废水"的概念。

2. 分散式排放与处理系统

分散式排放与处理系统是未经混合的污水在其产生点附近直接收集,利用低成本、可持续的处理系统就近回收利用,如水和营养物的农业回用、沼气利用等,见图 4.2。

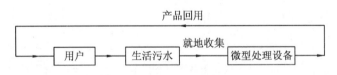

图 4.2 分散式排放与处理系统

分散式处理可以是生活污水混合收集处理后回用,也可以是分质收集、单独处理后回用或排放。它主要包括单一住宅的就地处理系统和服务于多个住户或多个建筑物的群集系统。国外的小型分散式系统发展比较迅速,如日本的 Gappe-shori 净化槽用于处理混合生活污水,其出水 BOD_5 含量小于 20 mg/L,TN(Total Nitrogen,总氮)含量小于 20 mg/L。此外还有用于厕所冲洗水处理的 Tandoku-shori 净化槽和可深度处理的新型膜分离技术槽。

与城市污水集中处理回用模式相比,分散式小区污水处理回用具有以下几方面的优势:

① 我国城市小区建设中水处理系统的条件已基本具备,并日趋完善。首先,具备有利于中水处理系统设计和平稳运行的水量特点(排水量大,杂用水需求也大,水量容易平衡)。其次,城镇居民小区的不断规模化,以及水处理技术的发展,将使中水处理系统的初始投资和运行费用大幅度降低。再次,住房的商品化、小区管理的兴起和完善,为中水处理系统的投资回报奠定了基础。

② 由于处理对象为城市污水,就地回用可节约输水管线,即可替代目前采用的自来水;对于小区居民来讲,首先是降低税费支出。如绿化用水、洗车用水、清洁道路、景观水体等公共用水,一般小区都是直接引用自来水,其水费最终还会分摊给小区居民。如果使用再循环再利用后的中水,就等于一水二用。当然,采用自来水、中水两套管路可能会增加一些初始投资,但中水处理系统成本较低,不会增加购房者的负担。中水的水质通常有保证,比城市地区一般河水的水质要好。

③ 小区中水主要用于喷洒绿地、冲洗汽车、清洁道路、景观水体及冲洗厕所等,这样既充分利用了水资源,又减少了污水直接排放对环境造成的污染。因此,小区中水处理系统对我国城市居住小区的水环境改善和缓解水资源短缺压力能起到重要的支撑作用。据有关研究资料显示,在城市小区采用中水处理系统后,居住区用水量将节省 30% ~ 40%,同时排放量减少 35% ~ 50%;对商住小区设置中水处理系统可节水 70%,科研事业单位可节水 40% 左右,一般居民住宅可节水 30% 左右。因此,在城市居住小区采用中水处理系统,既可减少污染,又可增加可利用的水资源,有明显的经济效益和社会效益。

④ 污水处理不能离开能源,随着全球能源短缺和大气污染加剧,清洁能源的使用已开始推广应用,如太阳能、燃料电池等,这些清洁能源都适合于分散使用,如在居民小区内使用,这就使城市污水分散式处理与回收成为可能。

⑤ 随着科学技术的发展,污水处理中二次污染的解决,以及处理设施实现装置化和小型化,集约化程度高,占地面积小,使小区污水就地处理与回

用得以在城市内实现。生活污水分质收集后,杂排水比单纯处理混合废水要简单得多,且无毒性,这就决定了处理成本将会大大降低,这对于目前我国的实际情况十分有利,既可行又容易实施。

分散式系统也存在以下问题:首先,过于分散的再生水设施经济效益不显著、规范和提高运行管理水平难、出水水质难以保障;其次,它在投资建设管理方面存在责任和利益主体不统一、相互脱节等问题;再次,原水小时流量变化大,需要较大的调节池,或污水处理装置的抗冲击能力要求较高。

3. 污水半集中式处理模式

随着循环经济和低碳经济理念的发展,传统集中式供排水模式和分散式供排水模式越来越显现出局限性。基于污水源分离、水的循环利用的新型供排水理念越来越受到关注和重视。生活污水源分离是指将生活污水分成灰水、黑水、黄水、褐水等,分类收集、分质处理和循环利用。生态卫生系统(ECO - SAN)是针对单家庭或单建筑物的污水、废物分类收集、处理和资源化的典型,为在小区、多个小区或城市的一部分实现分质供排水和废物资源化。半集中式处理,是指在一定区域集成建立水的循环利用和固体废物处理的综合系统,实现水的分质供应与排放、污水处理和再利用、废物资源化的目的,其规模介于分散式和传统的集中式处理系统之间。生活污水源分离、分质处理和资源化模式克服了传统集中式排水体制与分散式排水体制的弊端,实现良好的节水、节能和减少污染物排放等功能,符合循环经济的理念。其基本模式见图4.3。

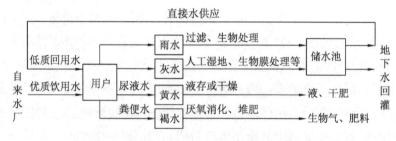

图4.3　生活污水源分离、分质处理和资源化系统

(1)污水源头分类收集排放

近几十年,固体废物的源分离已为人们普遍接受,生活污水的源分离同样可以在许多水污染控制中实现。生活污水分质处理和资源化要做到成本效率、高质量处理和回收的最优化,通常考虑的两个原则是类似于粪便水、尿液水、灰水等不同性质的污水应该分开收集和避免污水不必要的稀释。

生活污水的源头分类收集就是将其分为雨水、灰水、黄水、褐水等,然后分类收集到不同的管道系统,其中灰水是除粪便水之外的来自厨房、浴室、洗衣房等受污染程度相对较轻的生活污水;褐水是仅含粪便和冲洗水的污水,黄水仅指小便和冲洗液。若将大小粪便和冲厕水合起来,则成为黑水。有的分类收集方式仅仅将生活污水分为灰水和黑水,再分别收集处理。污水源头分类收集技术一般有雨水蓄积、灰水独排、尿液分离厕所和负压生态排水等。

(2)污水分质处理与资源化

① 雨水的收集和处理

雨水污染程度较轻,非常适宜作为中水原水,只需利用屋面及地面下独立的雨水排水管,再增设相应的雨水储水池成为"地下水库",经简单处理后即可用于冲厕、绿化消防、汽车冲洗、地下水回灌等。由于雨水水量和水质变化大,且可生化性较差,一般采用物化法处理。雨水的净化程度取决于回用水的目的,如锅炉水回用时处理程度较高,在进行各种清洁用途时安装一个初级过滤器即可。只有在污染物负荷较大时才利用生物处理,效率低而投资大的生物处理有生物转盘、生物接触稳定池、滴滤池和氧化塘等工艺。深度处理有混凝沉淀、消毒、活性炭吸附、微滤、反渗透过滤等各种工艺。此外,雨水渗透能促进雨水、地表水、土壤水及地下水之间的转化,维持城市水循环系统的平衡。

② 灰水处理与回用

灰水收集、深度处理和回用系统包括灰水的收集管网、深度处理装置和回用管网等。灰水主要指洗浴、盥洗、洗衣机等杂排水,厨房废水通常归类于灰水。其特点是水中悬浮物、有机物、营养物(如氮、磷)及微生物的浓度比混合生活污水低,氨氮、TKN 和 TP 等污染物的浓度通常只占混合生活污水的很少比例,可直接深度处理后用于冲厕、道路喷洒、洗车、绿化以及地下水回灌等。灰水的有效回用可以减少将近 50% 的饮用水使用量。灰水处理回用技术发展很快,主要有人工强化的物化处理、生物处理和自然生化处理等,见表 4.1。当灰水处理后回用前必须进行紫外照射、加氯等消毒处理。

表 4.1　灰水的主要处理技术

灰水处理工艺	工艺内容
两段式简单处理	过滤加消毒两阶段
生化和生态处理	曝气生物滤池、MBR（Membrane Bio-Reactor，膜生物反应器）、植物塘处理系统等
其他处理系统	生物转盘、流化床、金属膜、改进的石英砂过滤器、循环竖流式人工湿地等

③ 黄水、褐水的处理与回用

含氮量高的黄水可作肥料，尿液储存在与空气隔绝的容器中肥分可以保持大约一年时间不会流失。黄水在粪尿分离厕所里与褐水隔离后输送到尿液池液蓄即可得液体肥料，也可干化处理制成干肥。通常情况下尿液混合肥可用于所有农作物，而尿液注射法仅能用于可食用部分在地面以上的作物。尿液注入地面后其病原微生物受到的灭活作用更加迅速、强烈。

④ 黑水处理与资源化

黑水主要是指冲厕废水、粪便和尿等营养盐含量较高的混合生活污水，有时高污染物浓度的厨房废水也可归入该类。黑水的特点是 COD、BOD 等指标高，含大量病原菌且臭气污染严重。而生活污水中 80% ~90% 的氨和50% ~57% 的磷来自于黑水，预处理后的滤清液对后处理可起到添加营养剂的作用。预处理设备通常是粗、细格栅，还有粪便处理专用设备等。混凝沉淀法也可用于黑水预处理。固体分离后堆肥干化制成有机肥用于农业，上清液经厌氧消化、好氧接触氧化或厌氧 – 好氧结合处理后排放或回用。为了进一步消除恶臭污染，可采用酸、碱或次氯酸钠盐淋洗脱臭，活性炭吸附或生物除臭技术等工艺。

目前，国内外对公厕大小便及冲洗水（黑水）的处理大致可以分为以下几类：一是欧美模式，即城市污水、粪便污水合并处理，处理的成本高；二是日本模式，除合并处理之外，粪便等还采用车辆收运单独集中处理和现场净化池分散处理相结合，处理成本比合并处理低；三是发展中国家模式，这是一种多样化的粪便污水处理系统的低成本模式。

⑤ 区域水资源配置与分质供水

区域水资源配置是在环境友好与可持续发展的前提下将水质不同的水

用于不同用途,实现水资源的社会、经济、生态环境的综合效益最大化。雨水和灰水等低质再生水回用于冲厕、洗车、绿化及喷洒道路,不但节省水资源,而且大大降低城市水处理负荷,因而分质供水将深度强化处理的优质水供小区管道直饮。同时,另设非饮用水管网回用低质再生水分质供水在许多国家或地区已很常见,尤其在发达国家已有较长的历史。日本部分城市中设有生活用水、工业用水及杂用水三种供水系统。法国巴黎市区通常有饮用水和专供清洗街道用的非饮用水两套供水系统。美国至少有十余个城市已建成分质供水系统,主要是建立饮用水与非饮用水的双管道供水系统。近年来,上海、北京、深圳、宁波、广州等城市选择住宅小区尝试性地建造了管道优质直饮水系统,而中水利用的管道在北方地区的一些小区开始应用。

(3) 生活污水源分离与处理的推广与应用

20 世纪 90 年代,许多研究者开始提出了生活污水源分离、分质处理与就近回用的概念。图 4.4 是使用尿液分离技术的分质处理与资源化系统的简图。它可在单一住宅里完成,对居民独立操作等方面要求高,在发达国家运行实践较多。生活污水若分类收集后在几个小区规模内进行处理,用户投资、管理要求等大大降低,特别适合经济欠发达地区,如德国技术合作公司(GTZ)在非洲博茨瓦纳、莱索托、古巴、中国广西等许多国家和地区都建成了粪尿分集式干式卫生系统,实现了水资源循环优质利用。

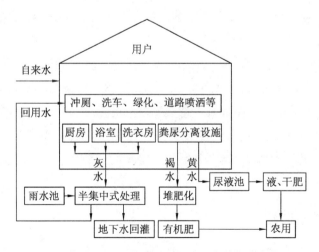

图 4.4　区域性污水分质处理与资源化系统

在挪威奥斯陆,33 家公寓住宅的灰水在住宅庭院里的自然系统中处理。中国−瑞典合作的鄂尔多斯生态城镇工程在内蒙古东胜区 2005 年实施投产,服务人口大约 7 000 人,新生态城的房屋里面配备了先进瓷器尿液分离干式厕所。我国常州市规划局在孟河镇通江花园居民小区兴建了名为"基于垂直替流生态滤床技术的分散式污水及污泥处理系统"的装置,自 2006 年 10 月建成以来广受关注。

4.3.3　合流管网错时分流技术

合流制排水系统是通过一套管道收集输送生活污水和雨水的排水系统。一般情况下,合流制排水系统的管网容量和污水处理厂容量有限,暴雨季节截流的雨污水会超过其容量,这需要将一定时间段的生活污水滞留,留出容量传输初期径流污水,当降雨停止后,再将滞留的生活污水导入合流制管网中正常传输。为了达到该目的,在示范工程合流制污水管网中实施了错时分流技术,实现雨污水错时分流。

4.4　雨水源清洁生产途径与技术

随着经济的不断发展和人口的快速增长,工业、农业和生活供水需求不断升级,人类正面临着愈来愈严重的水资源短缺、水体恶化和环境污染等方面的威胁,水危机已成为全球化的热点问题。雨水作为一种长期稳定存在的非传统水源,就近易得,易于处理,数量巨大。雨水的利用不仅能在一定程度上缓解水资源短缺,防治城市洪涝灾害,减少污染物排放,而且对水环境复合生态系统的良性循环与可持续发展起着重要作用。雨水作为资源不仅可用于生活与工业生产,还可作为小区绿化、灌溉、市政清洁及补充地下水,发挥多种生态环境效益。因此,探索雨水的资源化利用途径具有十分重要的意义。

4.4.1　国外现代雨水资源化利用

现代雨水利用技术发展较快的是德国、日本、美国、新加坡等国家,其中德国雨水利用技术已经从第二代向第三代过渡,其第三代雨水利用技术的特征就是设备的集成化,其各项雨水利用技术已处于世界领先水平。

(1) 德国雨水资源化利用

德国的雨洪收集利用技术是最先进的,基本形成了一套完整、实用的理论和技术体系。利用公共雨水管收集雨水,简单处理达到杂用水水质标准后,便可用于街区公寓的厕所冲洗和庭院浇洒。另外,德国还制定了一系列有关雨水利用的法律法规。如目前德国在新建小区之前,无论是工业、商业还是居民小区,必须设计雨水利用设施,若无雨水利用措施,政府将征收雨水排放设施费和雨水排放费。

(2) 日本雨水资源化利用

从 20 世纪 80 年代开始,日本在全国推广寸水渗透计划。许多城市在屋顶修建用雨水浇灌的“空中花园”,有些大型建筑物如相扑馆、大会场、机关大楼,建有数千立方米容积的地下水池来储存雨水,而建在地上的储水设施也尽可能满足多种用途,如在调洪池内修建运动场,雨季用来蓄洪,平时用作运动场。日本于 1992 年颁布了《第二代城市下水总体规划》,正式将雨水渗沟、渗塘及透水地面作为城市总体规划的组成部分。在日本,利用公园、空地、庭院、建筑物、停车场、运动场设置渗透地、渗透管、渗透井、渗透沟、调节池来大量蓄积雨水,集蓄的雨水主要用于冲洗厕所、浇灌草坪、消防和应急用水。目前,由于地基沉降问题的日益严重,日本在抑制城市雨水径流量等新的排水系统技术方面,正在逐渐从以雨水临时存储为中心转向以雨水渗透法为中心的研究,即从雨水的资源化利用系统转向以水系生态改善为中心的“洼地-渗渠 MR 系统”。

(3) 美国雨水资源化利用

美国的雨水利用常以提高天然入渗能力为目的。如美国加州富雷斯诺市的渗透区(Leaky Areas)地下水回灌总量为 1.338 亿立方米,其年回灌量占该市年用水量的20%。其他很多城市也都建立了屋顶蓄水和由入渗池、井、草地、透水地面组成的地表回灌系统。美国不但重视工程措施,而且制定了相应的法律法规对雨水利用给予支持。如科罗拉多州(1974 年)、佛罗里达州(1974 年)和宾夕法尼亚州(1978 年)分别制定了《雨水利用条例》,规定新开发区的暴雨洪峰流量不能超过开发前的水平,所有新开发区(不包括独户住家)必须实行强制的“就地滞洪蓄水”。

（4）新加坡雨水资源化利用

新加坡国土面积狭小，人均水资源占有量仅为 211 立方米，排名世界倒数第二，淡水资源一半水量依赖从马来西亚进口，淡水资源严重匮乏。新加坡为防止地面沉降严禁开采地下水，获取水资源的主要途径就是收集雨水，因此修建了许多蓄水池，雨水通过集水区收集流入蓄水池，再送到自来水厂进行处理后进入供水管网系统。集水区大致可分为 3 类：受保护集水区、河口蓄水池和城市骤雨收集系统。据统计，新加坡国土面积一半是集水区，总库容接近 1 亿立方米，勿洛蓄水池及其设施是目前世界上唯一采集城市居民区雨水的现代化集水工程。

4.4.2　国内研究进展

我国城市雨水利用的重要性早已为人们所重视，但真正意义上的城市雨水利用的研究与应用开始于 20 世纪 80 年代，发展于 90 年代，目前还处在探索和研究阶段。我国许多地方已经开始了进行雨水利用的实践和研究。北京在雨水收集利用方面走在了全国的前列，一批雨水工程已经得到实施，2008 年北京奥运会的场馆建设中就采取了雨水利用技术。2000 年北京市引进德国先进的城市雨洪控制与利用技术，建设了 5 种不同城区类型、总面积为 59 公顷的城市雨洪控制与利用示范区，示范区中铺设透水路面，收集建筑物、庭院和道路雨水用于家庭冲厕、小区绿化和地下水回灌，效果良好。上海浦东机场利用周边环绕的全长 32 平方公里的围场河作为蓄水池。围场河里的天然雨水经简单处理后，不仅能满足第二航站区的冲厕用水、宾馆洗车，还能作为能源中心冷却塔补充用水、景观水池补充用水、道路冲洗压尘及绿化浇灌用水。

相比德国等国家雨水利用已经达到标准化、产业化的城市，我国的城市雨水渗透利用刚刚起步，缺乏真正具有约束力的相关法律规定。虽然我国对雨水资源利用提出了具体要求，如《中国生态住宅技术评估手册》中要求对屋面、地表的雨水进行收集、处理后回用，但真正建成实施的不多，达到要求的更少。除铺设绿地蓄洪外，主要是在停车场、人行道、建筑周围及居民小区等场所改变过去以铺设硬化表面为主的做法，而是铺设渗透地面。国内城市比较普遍的做法是铺草皮砖进行雨水渗透，铺设简单，没有经过科学的设计和规划。此外,其他比较重要的雨水渗透设施,如渗透床、渗透管沟等在国内城市中少有应用。其主要原因是若考虑收集、存储和利用丰水期的雨量,则需建造巨大的调蓄池调节容量,投资较大;除了降水相对集中的7—9 月之外,用于雨水调蓄及处理的构筑物在大部分时间处于闲置状态,利用率低,经济效益差,影响了投资的积极性。

4.4.3　城市雨水资源化的途径

城市雨水资源化是一种新型的多目标综合性技术。这种技术就是在城市规划和设计中,采取相应的工程措施,将汛期雨水蓄积起来并作为一种水源的集成技术,包括雨水集蓄利用和雨水渗透利用两大类。目前的应用范围有分散住宅的雨水集蓄利用中水系统、建筑群或小区集中式雨水集蓄利用中水系统、分散式雨水渗透系统、集中式雨水渗透系统、屋顶绿化雨水利用系统、生态小区雨水综合利用系统等。

1. 雨水直接就地入渗的透水路面技术

在城区内,采用渗井、渗沟、透水地面、绿化等多种措施强化雨水就地入渗,使更多雨水留在城市内,增大地下水补充量,并且减少暴雨期间的流量和高峰流速,延长积水时滞,降低对河堤的冲刷力,如采用透水性材料修建停车场和广场的地面,增加降雨入渗量;铺装透水的人行道,减少下雨时人行道上的径流流失等。有关资料显示,铺装透水设施后雨水流出率由51.8% 降低到5.4% 。

透水路面通过在道路表面营造孔隙(微孔或大孔),从而使得路面具有透水功能。城区道路是城市面源污染的主要污染源,而源区控制是城市面源污染控制的重点。城市道路多为硬质下垫面,污染物在地表累积过程快;雨水入渗量小,径流系数大,形成径流的时间短促,对污染物的冲刷强烈,污染物输出的动力学增强。将城区道路设计为具有良好透水性能的路面,可以较好地控制暴雨径流水质(去除水中的有机污染物质);同时也能够对暴雨径流量进行适当地控制,特别是对小型降雨事件。透水路面同时还兼具防滑、降噪、排水、防眩等优点,在国外得到了比较广泛的应用,而国内对此研究和成功应用的案例较少。

一般来讲,透水路面主要是指可用于轻量级交通载荷的,具有微细连通孔的交通路面。其基本技术原理是将单一级配的粗骨料(无砂或少砂)加胶凝材料进行拌合,并使粗骨料间以点接触式的方式连接,从而创造出可供雨水渗透的连通孔隙。降雨时,雨水经由透水面层渗透至基层后就地入渗,或向四周扩散;或是通过埋设在碎石层及砂层中的排水管道进入雨水阴沟或排水井。依据制备工艺的不同,透水路面大致可以分为现浇路面和砌铺路面砖。而依据所用材质的不同,现浇路面可分为水泥和沥青混凝土路面两种;砌铺路面砖也可分为混凝土透水砖和陶瓷透水砖两种。

(1)透水性沥青路面

透水性沥青路面(porous asphalt)是采用单一级配的骨料,以沥青或高分子树脂为胶结材料的透水混凝土。与常规沥青路面相比,透水性沥青路面含有较大的孔隙率和较多的大粒径骨料。

(2)透水性水泥混凝土路面

透水性混凝土路面是采用较高强度的硅酸盐水泥为胶凝材料及单一级配的粗骨料制备的多孔混凝土。这种混凝土制作简单,适用于用量大的道路铺装,但是因为孔隙较多,改善和提高强度、耐磨性、抗冻性是难点。

(3)透水性路面砖

透水砖是由一定级配的粗骨料、胶结材料和水等经特殊工艺制成的具有路面用砖形状的预制品,可以分为混凝土透水砖和陶瓷透水砖。混凝土透水砖是将粒径比较相近(非连续级配)的砂、石颗粒用无机或有机胶凝材料或有机胶结材料经搅拌混合压制成型,使其黏接在一起,形成带有通道孔的砖坯,再经养护成为具有一定抗压强度的混凝土透水路面砖。

2. 兴建拦截和蓄存雨水的设施

一般而言,雨水水质较好,蓄存后不需要处理即可作为初级水源或补充水源加以利用,用以绿地灌溉、工业冷却、喷洒路面等城市杂用;而且在进入旱季时,还可以通过进一步处理后补充生活用水。在市区内将低洼地优化改造成拦截和蓄存雨水的设施,修辟成池塘和湖泊等水体,同时将河、湖、公园水域的建设运行与人工回补地下水相结合,可形成多功能的人文生态风光观赏旅游带等多重环境效益。

雨水蓄存设施可分为地面蓄水和地下蓄水两种:城市路面、屋面、庭院、停车场及大型建筑等使城市的非渗透水地面密集最高达90%,可将这些地方作为集水面,通过导流渠道将雨水收集输送到储水设施。储水设施可以是蓄水池、水库,也可以是塘坝。德国、加拿大等许多发达国家采用铁皮屋顶集流,将汇集径流储存在蓄水池中。最直接最经济的办法是将城市低洼地进行优化改造,并配以适当的引水设施,能很好地蓄存雨水径流;另一方面,充分利用城市已建雨水排水管网体系,结合城市地形走向,规划、建设综合性、系统化的蓄水工程设施,诸如在城区适宜地方营造大的管道蓄水池、水库、塘坝等工程设施收集和蓄存雨水。但当地面土地紧缺时,就得考虑利用地下蓄水池。

3. 利用雨水回灌

我国很多城市由于过度开采地下水,地质沉降漏斗范围不断扩大,不少地区甚至出现了严重的地面沉降和断裂带,从而导致建筑物倾斜甚至倒塌,造成严重的损失。可以对现有的两用井、渗井等加以充分利用,在地下水库所在位置扩建回灌井、渗井等设施,从而有效地补充地下水,防止地质环境恶化。利用汛期雨水进行回灌,不仅可以增加地下水的存储量,还可减少洪水径流量,起到防洪排涝的作用,可谓一举两得。资料显示,国外采用雨水补给地下水量占地下水总开采量的比例较大,其中,德国为 31%,美国为 25%,荷兰为 21%。而在我国,一般都是利用地表水来补充地下水,利用雨水进行地下水人工回灌的较少,因此利用汛期雨水进行合理的地下回灌改造势在必行。

4. 建设生态路

建设雨水资源化利用的生态路是指通过对道路横断面的布置,将道路路面的雨水汇集流入绿化树池或绿化带,从而达到绿化用水以及城市地下水的补给,形成雨水资源化利用的生态路,达到道路绿化面积最大化、呼吸面积最大化、雨水最大限度截流的目的。

机动车道路面雨水经汇流过滤后进入绿化带;结合道路平面具体位置将行道树多株树池相连,树池内种植灌木形成连体树池,树池周围可用小栅栏围封,形成慢行系统范围内的绿化小环境;当道路绿化带较宽或雨水管顶覆土厚度大于 1.5 米、不影响绿化带种植乔木或绿化带植物不受地下管线影响时,雨水管可设置于绿化带内,否则雨水管应设于绿化带外;取消人行道和非机动车道范围内的立缘石,使两者处于同一平面上,形成路表排水无障碍,该范围内的路面雨水可通过横向坡度直接流入树池和绿化带;按照雨水汇集过滤的方式可分为点式汇集过滤雨水生态断面和线式汇集过滤雨水生态断面两种。点式生态断面指机动车道路面径流雨水顺路面合成坡汇集于道路沿纵向间隔一定距离设置的汇水点,机动车道路面径流雨水经过汇水点过滤设施过滤后部分雨水渗入绿化带和植被吸收,当土体含水饱和及植被充分吸收后,其余雨水排入市政雨水管道排走。线式生态断面指机动车道路面径流雨水顺路面合成坡汇集于道路沿纵向设置的过滤带,机动车道路面径流雨水经过滤设施过滤后部分雨水渗入绿化带和植被吸收,当土体含水饱和及植被充分吸收后,其余雨水排入市政雨水管道排走。在有条件的道路设计中应设置相应的蓄水系统,对收集的雨水进行储存和调控,以解决缺水与雨水流失的矛盾。

(1)既有市政道路改造为生态路

随着雨水资源化利用的逐步深化,对既有市政道路按照生态路标准进行改造时有发生,受道路沿线及周边建筑、地上和地下管线、排水条件等因素制约,既有道路改建生态路的难度很大,经济可行的成功案例较少。道路的盲目改建和流于形式,在满足雨水收集利用的同时,大大降低了排水抗涝功能,致使道路严重积水、沿线建筑及设施雨季长期被水浸泡,带来很大的质量及安全隐患,严重影响道路功能的正常发挥。道路改造应当因地制宜,加强前期调查,对工程所处区域气象水文条件进行认真分析,方案比选阶段应重点考虑片区排水能力、经济可行性等因素,做好工程可行性研究报告编制与评审,设计阶段应加强设计针对性,坚决杜绝照搬照抄的"标准设计",在源头上防止形象工程的盲目上马。

(2)在建市政道路改造为生态路

在建市政道路改造为生态路的难度较小,可行性较大,通常不用大幅增加工程投资即可完成。设计单位应认真调查现场情况后及时完善修改设计以指导施工,改造难点往往在于废置工程的发生和处理,一般情况下业主单位会面临索赔事件,监理单位应按相关规定及时取证并协调解决索赔事宜。

(3)新建生态路

新建生态路在严格照图施工的同时,设计、监理和施工单位应密切配合,加强技术交底和现场复测,发现设计图纸与现场不符时及时解决。施工中的控制重点除质量、安全等方面外,主要应控制标高、流水面、纵横坡度等,使完工工程内在和外观质量达标、排水顺畅。

5. 雨水处理技术途径

随着城市化进程的加快,不透水地面面积迅速增加,城市面源污染日趋凸显。降雨径流污染是城市面源污染的主要组成部分,尤其是初期径流污染。国内外学者研究表明,初期雨水径流的水质较差,在一场降雨过程中,占总径流量20%或25%的初期径流,冲刷排放了径流排污量的50%。因此,对初期雨水径流的处理与处置是雨水径流污染控制工程的技术关键。

目前对于初期雨水径流多采用弃流的处置方式,通常通过控制一定降雨深/径流深或一定降雨历时/径流历时内的径流来实现,但由于初期雨水径流受多种因素影响,弃流量没有统一的计算公式,因此很难控制。同时,弃流的处置方式存在另一种弊端。初期雨水径流中的主要污染物为 SS 与 COD,弃流将导致输送管道沉积物增多,污水处理厂污染负荷升高,运行管理成本随之增加。

(1) 屋顶雨水处理

在各类介质的雨水中,以屋顶雨水水质较好,绿地雨水水质次之,污染严重区的路面初期径流污染较重,且含有 Pb、Zn、Cr 等重金属,COD 高达 1 000 mg/L。屋顶雨水污染相对较小,处理起来较容易,应充分考虑利用雨水势能差,完成过滤,见图4.5。

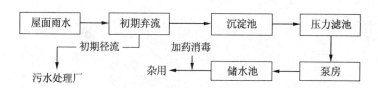

图4.5　屋顶雨水处理工艺图

(2) 路面雨水处理

道路透水率较低,其面积在城市内占的比例也较大。目前常采用透水路面材料(如多孔沥青等)提高路面透水能力,增大地下水的补充,以维持城市水平衡。市内道路和高速公路的雨水收集和处理工艺有所不同,见图4.6和图4.7。

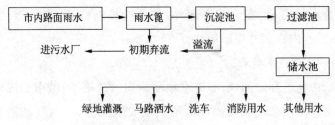

图 4.6　市内路面雨水处理工艺

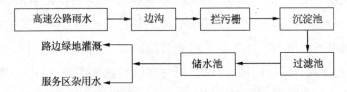

图 4.7　高速路面雨水处理工艺

第 5 章

排水过程清洁生产

5.1 概述

5.1.1 排水体制与清洁生产

城市排水系统有两个焦点问题:一是城市工业废水和生活污水的排放;二是雨水的排放。它们可以采用一套管道系统,或是采用两套及两套以上各自独立的管道系统来排放,即合流制和分流制排水系统。传统的排水体制都是采用合流制排水系统,实际运行的合流制排水系统允许在雨天时有部分混合污水溢流直接排入受纳水体,不经处理的混合污水会给河流带来严重污染。为克服这一缺点,分流制排水系统便应运而生,新建的城市排水系统大都采用分流制。但分流制系统也存在一定的弊端:一是造价相对较高,二是城市地表水也并不清洁,尤其是初期降雨形成的地表径流,如直接排入水体,会对水体造成很大的污染。

我国许多城市都是合流制的排水系统,都存在雨天溢流的污染问题。北京 1998—2004 年连续对城区雨水径流进行分析的结果表明,城区屋面、道路雨水径流污染都非常严重,COD 平均值为 200 ~ 1 200 mg/L,污染程度甚至超过晴天城市污水。

目前城市老城区将合流制改为分流制,受现状条件限制大,许多老城区建成年代较长,地下管线基本成型,地面建筑拥挤,路面狭窄,旧合流制改分流制难度较大。因此,应对已有的合流制溢流实施截流、处理等综合措施以控制其污染,同时采取措施控制雨水排放量和排放速率,并控制径流雨水中污染物的排放。

5.1.2　排水过程清洁生产四要素

对排水过程实施清洁生产,即"过程控污",是指在"源头减污"的基础之上,对于那些源头上无法减量的污染物质及场所,在溢流污染物质迁移的过程中,利用拦截、阻断、调蓄、错时分流、分质截流等技术,阻碍污染物质的迁移或延长污染物质的迁移路径,从而实现污染物质迁移与扩散量的最小化。

具体而言,排水过程清洁生产是以水量、污染物、管网、管理为四个切入点,分别采取相应的措施,尽可能减轻末端污水厂的处理压力。例如:城市路面应用透水系数大的高渗透性材料,下雨时,雨水及时通过路面渗入地下,或者储存于路面砖的空隙中,减少路面积水及排入管网的雨水量,具有良好的社会、环境和生态效应;在旱季周期性地冲洗管道,将沉积的污染物输送到污水处理厂,改善雨季溢流污水水质,可以减小溢流污染物排放量;对管道进行必要的监测、维护,避免出现渗漏和渗入流量。

5.1.3　排水过程清洁生产目标

城市地表径流污染是城市水环境非点源污染的主要类型之一,它被称为狭义的非点源污染。在降水过程中,雨水形成的径流流经城市地面(如商业区、居住区、停车场、街道等),并聚集一系列污染物质(如原油、氮、磷、重金属、有机物等),通过排水系统直接排入水体而造成水体的非点源污染。目前,城市降水径流污染已成为地表水环境污染的主要原因之一。城市地表径流是影响城市水环境质量的第二大污染源,也是仅次于农业面源污染的非点源污染源。影响城市地表径流污染的因素包括:降雨特征、城市土地利用方式、大气污染状况、地表清扫状况、下水道状况等。其中,降雨强度决定着淋洗、冲刷地表污染物的能量大小,降水量决定着稀释污染物的水量;城市土地利用方式决定着污染物的性质和累积速率;大气污染状况决定着降雨初期雨水中污染物的含量;城市地表清扫频率及效果,直接影响着晴天时地表累积污染物的数量。

合流制排水系统(Combined Sewer System,CSS)在暴雨或融雪期条件下,由于大量雨水流入,流量超过污水处理厂或污水收集系统设计能力时以溢流方式直接排放,称作合流制排水系统污水溢流(CSOs),CSOs 收集了生活污水、工业废水、雨水三种性质不同的污水,以及晴天时形成的腐烂的管道底泥,其中含有大量的污染物,污染物的量根据各种水量的比例不同而不同,主要包括有机物、营养盐、SS、致病微生物、其他有毒有害物质(如重金属、含氯有机物等),当雨天时雨水量过大发生合流污水溢流情况,不经处理的污水排入水体,严重超出了水质标准,将会对水体环境产生严重污染。

对雨水排放过程实施清洁生产,必须摆脱传统的孤立考虑水患控制的思路,从仅仅关注管道末端快速排除雨水,转向将城市生态、环境保护、水资源利用统筹考虑的综合管理思路。综合管理的目标是尽可能减少城市雨水系统对受纳水体的影响。

5.2　合流管网排放过程清洁生产技术

5.2.1　合流制污水污染的影响因素

(1) 降雨特征

降雨特征对地表径流污染物浓度以及溢流污染负荷有很大影响。如降雨间隔时间决定了地面污染物的累积量,间隔时间越长,地面累积的污染物越多;降雨强度和雨型则直接影响地表污染物的冲刷量,降雨强度越大,污染物被冲刷动能越大,溢流污水污染物负荷越大;降雨量和降雨强度除了对地表径流水质产生影响外,还直接影响雨天溢流的水量和水质。

(2) 管道沉积物

管道沉积物是雨天溢流污染的主要来源之一。管道沉积物的有机成分含量很高,降雨时受冲刷溢流进入水体易造成严重污染,在管道疏通、清洗不力的情况下尤其如此。

(3) 下垫面特征

地面特征及地面污染对雨天溢流水质和流量的影响也很大。地面情况包括土地利用类型(居民区、工业区、商业区、交通区或未开发地区)、地形地貌、入渗能力、截流能力、植被覆盖率、调蓄能力等。

(4) 截流倍数

在降雨量/降雨强度一定的情况下,合流制系统溢流水质、水量与旱流污水基础流量、管道系统的调蓄容量有关。表示系统截流能力的一个重要参数即是截流倍数。截流倍数是指合流制系统中,被截流的部分雨水量与晴天污水量的比值。截流倍数直接关系到合流制排水系统雨天溢流水量和水质,以及工程投资。若截流倍数偏小,在地表径流高峰期混合污水将直接排入水体而造成污染;若截流倍数过大,则截流干管和污水厂的规模就要加大,基本投资和运行费用也将增加。

"过程控污"更深层次的意义在于,对于一些难以有效物理拦截的溢流污染物质,有必要对其进行深度的处理与净化。在溢流污染物中,COD、氮、磷的含量通常相对较高,并且具有易溶于水、易迁移、形态较多等特点,需要建设额外的控制工程进行深度处理与净化,这类工程一般包括以下三大类:管内污染强化生物净化、调蓄处理一体化净化系统和物化组合措施。这些工程的物理、化学和生物的联合作用,可实现合流管网系统中氮、磷等难减量化的溢流污染物从系统内最大化去除。

5.2.2　合流污水的管道控制

管道沉积物是雨天溢流污染的主要来源之一,管道沉积物的有机成分含量很高,暴雨时受冲刷溢流进入水体易造成严重污染,在管道疏通、清洗不力的情况下尤其如此。一般控制管道污染,可参考以下措施:

(1) 选取合适的截流倍数

在确定截流倍数时把目标定为在环境标准许可的前提下,尽量使用较小的截流倍数。但如何合理选取一直以来都是半经验、半理论化。有资料表明,当截流倍数选择 1 或 2 时,其工程投资及运转费相差近一倍。目前,在选取截流倍数时考虑的因素包括受纳水体的水质要求和受纳水体的纳污能力。

(2) 管道的冲洗

合流制管道内旱季沉积的污染物是合流制溢流污染物的重要来源。在汉阳地区测定,暴雨时管道内所沉积的污染物再泛起,占初期雨水 SS 和 COD 负荷的 60% 左右。在旱季周期性地冲洗管道,将沉积的污染物输送到污水处理厂,改善雨季溢流污水水质,可以减小溢流污染物排放量。冲洗可采用水力、机械或手动方式,使沉积物在水流的冲刷作用下排出管道系统,尤其适用于坡度较小、污染物易沉积的管线。

（3）渗漏和渗入控制

由于管道的破损,管道内的污水会渗入地下,污染地下水;同时地表水位较高时,地下水会渗入管道系统,增大雨季溢流量。因此,应对管道进行必要的监测、维护,避免出现渗漏和渗入流量。

（4）管线的原位修复

在破损管道内壁衬有机壁面,修复管道的缺陷,减小管道粗糙度,增大过流能力,减少超载、回水现象的发生,减少污染物的沉淀积累。

5.2.3　合流污水的存储调蓄——溢流截流池

德国从 20 世纪 80 年代到 90 年代对城市雨水溢流的污染控制基本实现,最典型的措施是修建大量的雨水截流池处理合流制管系的污染雨水,较快地实现了城市排水系统的改造和合流制溢流污染的有效控制。

在降雨初期,小流量的雨污水进入污水处理厂,当雨水流量增大时,部分雨污混合水溢流进入储存池,被储存的这部分流量在管道排水能力恢复后返回污水处理厂,这样污水处理厂的在线流量减小,处理能力满足要求,避免含有大量污染物的溢流雨水直接排入水体。上海就有成功利用储存池控制苏州河沿岸雨天溢流污水量的工程实例。

5.2.4　锥体控制等截流量截流井

（1）工作原理

该截流井一般包括:内部中空且具有一定容积的外形为正方体或长方体的井体,井体壁上至少有一个雨污混合水流进口(即合流管),截流污水的截流管、溢流堰和溢流管,见图 5.1。锥体控制等截流量截流井的特征在于带浮力控制装置的锥体装置。

锥体装置由锥管和内锥组成,锥管的左端与截流管连接,内锥位于锥管内,与锥管同轴,两者表面之间有一定间隙,内锥右端与滑杆固定连接。

浮力控制装置由滑杆、滑套、滑块、摇杆、拉杆、杠杆和浮球组成,滑杆左端与内锥固定连接,右端与滑块铰接,中间位于滑套内,滑套与井体固定连接,摇杆是一根弯杆,中间弯头处与井体铰接,垂直端部分位于滑块内,另一端与拉杆铰接,拉杆的另一端与杠杆的中间部分铰接,杠杆的一端与浮球固定联结,另一端与井体铰接。

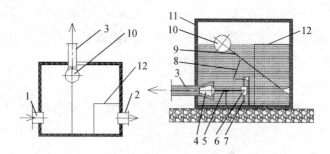

1—合流管;2—溢流管;3—截流管;4—内锥;5—滑杆;6—滑套;
7—滑块;8—摇杆;9—拉杆;10—杠杆和浮球;11—井体;12—溢流堰

图5.1　锥体控制等截流量截流井

当旱流或雨量较小时,截流井内水面较低,浮球下落,带动杠杆逆时针转动,杠杆推动拉杆向下运动,拉杆推动摇杆逆时针转动,摇杆带动滑块向右运动,滑块带动滑杆向右运动,滑杆带动内锥向右运动,内锥与锥管之间的间隙加大。但由于此时水面较低,截流管口的污水压强较小,流速较小,流量一定。而当雨量较大时,截流井内水面逐渐升高,浮球抬起,带动内锥向左运动,内锥与锥管之间间隙减小。但由于此时水面较高,截流管口的污水压强较大,流速较大,流量也一定。如果合理确定浮力控制装置中各个构件的尺寸,就能使锥体左右移动的距离与水面高度相对应,从而使截流管的截流量恒定。

(2)相关计算过程

① 当井内的液面高度由 h_1 变化至 h_2 时,截流管处的水流速度由 v_1 变化至 v_2,见图5.2。

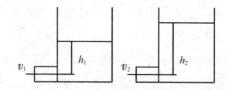

图5.2　锥体控制等截流量截流井流速计算图

根据伯努利方程,有:

$$H = \sum h_{\mathrm{f}} + \sum h_{\mathrm{m}} + \frac{v^2}{2g} = \left(\sum \lambda \frac{l}{d} + \sum \zeta + 1 \right) \frac{v^2}{2g} \qquad (5.1)$$

式中，$\sum h_{\mathrm{f}}$——沿程损失；

　　$\sum h_{\mathrm{m}}$——局部损失；

　　λ——沿程阻力系数；

　　l——截流管管长；

　　d——截流管管径；

　　ζ——局部阻力系数；

　　v——截流管内水流速度，m/s。

由此可知：

$$v_1 = \sqrt{\dfrac{2gh_1}{\sum \lambda \dfrac{l}{d} + \sum \zeta + 1}}, \quad v_2 = \sqrt{\dfrac{2gh_2}{\sum \lambda \dfrac{l}{d} + \sum \zeta + 1}} \tag{5.2}$$

$$\Delta v = v_2 - v_1 = (\sqrt{h_2} - \sqrt{h_1})\sqrt{\dfrac{2g}{\sum \lambda \dfrac{1}{d} + \sum \zeta + 1}} \tag{5.3}$$

② 当井内的液面高度由 h_1 变化至 h_2 时，内锥在双摇杆机构以及摇杆滑块机构作用下由 x_1 移动至 x_2，见图 5.3。

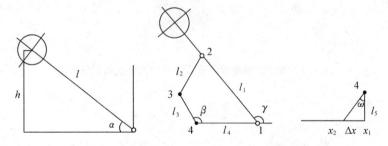

图 5.3　锥体控制等截流量截流井摇杆机构计算图

液面高度 h 和杠杆的转动角度 α 的关系为

$$\sin \alpha = \frac{h}{l}, \quad \alpha = \arcsin \frac{h}{l} \tag{5.4}$$

当杠杆产生了转角 $\alpha = \pi - \gamma$ 后，摇杆 l_3 也产生了一个转角 $\omega = \pi - \beta$，

$$\beta = 2\arctan \frac{A_2 \pm \sqrt{A_2^2 + B_2^2 - C_2^2}}{B_2 + C_2}, \quad （取负值） \tag{5.5}$$

其中,

$$A_2 = \sin \gamma, \ B_2 = \cos \gamma - j_1, \ j_1 = \frac{l_4}{l_1}, \ C_2 = j_4 - j_5 \cos \gamma$$

$$j_4 = \frac{l_1^2 - l_2^2 + l_3^2 + l_4^2}{2 l_1 l_3}, \ j_5 = \frac{l_4}{l_3}$$

当摇杆转动了角度 ω 后,滑块推动滑杆向前移动了 Δx,

$$\Delta x = l_5 \tan \omega \tag{5.6}$$

③ 当内锥在滑杆推动下由 x_1 移动至 x_2 时,锥管内的截面积由 S_1 变化至 S_2,见图5.4。

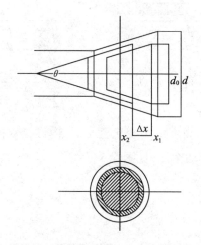

图5.4　锥体控制等截流量截流井内锥管截面积计算图

$$S_1 = \frac{\pi}{4}(d^2 - d_0^2) \tag{5.7}$$

$$S_2 = \frac{\pi}{4}(d - \Delta d)^2 - \frac{\pi}{4} d_0^2 = \frac{\pi}{4}\left(d - 2\Delta x \tan \frac{\theta}{2}\right)^2 - \frac{\pi}{4} d_0^2 \tag{5.8}$$

$$\Delta S = S_1 - S_2 = \pi \Delta x \tan \frac{\theta}{2}\left(d - \Delta x \tan \frac{\theta}{2}\right) \tag{5.9}$$

而所谓等截流量要求的是 $Q_1 = Q_2$,即

$$v_1 S_1 = v_2 S_2 = (v_1 + \Delta v)(S_1 - \Delta S) \tag{5.10}$$

由以上推导可知,只要选取合适的双摇杆的杆长以及内锥的锥角值,即可保证截流量恒定的要求。

5.2.5 液控弯管虹吸溢流式截流井

（1）工作原理

该截流井同样包括：内部中空且具有一定容积的外形为正方体或长方体的井体，井体壁上至少有一个雨污混合水流进口（即合流管），截流污水的截流管、溢流堰和溢流管，见图5.5。液控弯管虹吸溢流式截流井的特征在于带浮力控制装置的弯管虹吸装置。

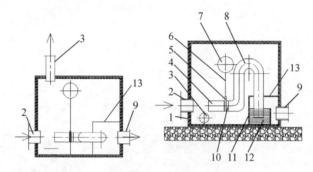

1—井体；2—合流管；3—截流管；4—引流管；5—阀门；6—杠杆；7—浮球；
8—弯管；9—溢流管；10—塑料管；11—内井体；12—储水池；13—溢流堰

图 5.5 液控弯管虹吸溢流式截流井

弯管虹吸装置的管道由引流管、塑料管和弯管组成，引流管底部与弯管连接，塑料管右端与弯管固定连接，弯管安装在内井体上，右端插入储水池中，弯管有一处是半圆弯头，位置较高，另一处是90°弯头，位置较低，靠近塑料管。引流管与塑料管之间有一定间隙，其间隙大于阀门厚度，以不影响阀门开启为度，引流管与塑料管直径相同，在同一轴线上。引流管与合流管在同一轴线上，以方便后期雨水能较顺利地进入弯管实现溢流，而前期污染物较大的雨水则留在截流井及其附属空间内，以实现最大限度的截污。浮力控制装置由浮球、杠杆和阀门组成，杠杆一端铰接在井体上，另一端与浮球联结，中间安装阀门。

当旱流或雨量较小时，溢流井内水面较低，浮球下落，带动阀门下落，使阀门逐渐闭合，此时，阀门位于引流管与塑料管之间的间隙处，在阀门闭合过程中，弯管的溢流量也随之减小，以达到留住污染物较大的污水或前期雨水,而溢流掉污染物较小的后期雨水的目的。为了使阀门开启灵活,减少阀门与塑料管之间的摩擦力,塑料管材料可以用尼龙或含油铸尼龙。

(2)相关计算过程

① 设杠杆总长度为 L,初始角度为 α,开启阀门时的液面高度为 h_1,见图5.6。则有:

$$\frac{h}{h_1} = \frac{L_1}{L} \tag{5.11}$$

即
$$h_1 = h\frac{L}{L_1} = L\sin\alpha \tag{5.12}$$

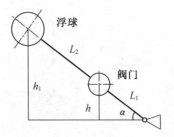

图5.6　杠杆组合图

② 随着液面的升高,杠杆在浮球浮力的作用下绕支点顺时针转动由位置1升到位置2,当阀门与管道两圆相切时阀门完全开启,液面高度为 h_2,见图5.7。

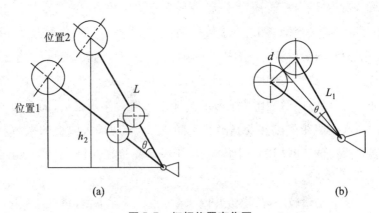

(a)　　　　　　　　　　　　(b)

图5.7　杠杆位置变化图

设管道及阀门的直径为 d,则有:

$$\sin\frac{\theta}{2}=\frac{d}{2L_1} \tag{5.13}$$

得
$$\theta=2\arcsin\frac{d}{2L_1} \tag{5.14}$$

则
$$h_2=L\sin(\alpha+\theta)=L\sin\left(\arcsin\frac{h_1}{L}+2\arcsin\frac{d}{2L_1}\right) \tag{5.15}$$

5.2.6　多功能截流井

该截流井包括:内部中空且具有一定容积、外形为正方体或长方体的井体,井体壁上至少有一个雨污混合水流进口(即合流管),截流污水的截流管、溢流管和跳跃堰,见图 5.8。其特征在于井体内安装有发电装置、污水检测装置、探头清洁装置和视频监视及发射装置。

发电装置由发电机、轴和水轮组成,水轮安装在轴上,轴与发电机的轴联结,发电机安装在井体上。

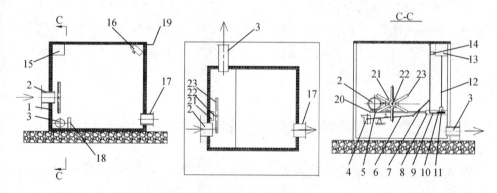

1—井体;2—合流管;3—截流管;4—水桶;5—右输水管;6—杠杆;7—连杆;8—储水槽;
9—摇杆;10—毛刷;11—探头;12—伸出杆;13—检测仪;14—开关;15—视频监视;
16—发射器;17—溢流管;18—跳跃堰;19—天线;20—左输水管;
21—发电机;22—轴;23—水轮

图 5.8　多功能截流井

污水检测装置由右输水管、储水槽、探头、伸出杆、检测仪和开关组成,右输水管一端与合流管连通,另一端与储水槽连通,储水槽安装在井体上,探头悬空在储水槽内,与伸出杆连接,伸出杆固定在检测仪上,开关安装在检测仪上,检测仪安装在井体上。

探头清洁装置由左输水管、水桶、杠杆、连杆、摇杆和毛刷组成。左输水管一端与合流管连通,另一端悬空并位于水桶的上方,水桶与杠杆一端铰接,杠杆中间铰接在井体上,另一端与连杆铰接,连杆另一端与摇杆铰接,摇杆上端铰接在井体上,下端有一弯臂,弯臂上安装有毛刷。

视频监视及发射装置由视频监视及发射器和天线组成,视频监视及发射器固定在井体上,天线与之相连并伸出截流井外。

水桶与杠杆的铰接位置是:空桶时铰接位置位于水桶重心的上方,桶口向上。水桶桶口左边有一外伸储水空间,空桶时,由于铰接位置位于水桶重心上方,桶口朝上,当水桶里的水逐渐盛满时,水桶下移,带动杠杆逆时针旋转,杠杆带动连杆,连杆带动摇杆,摇杆带动毛刷,实现对探头的擦洗,同时摇杆压下开关。当水桶里的水完全盛满时,水桶处于最低位置,由于桶口左边有一外伸的储水空间,水桶重心上移至铰接位置上方偏左,水桶倾斜,水倒掉,水桶上升,此时,摇杆松开开关,启动检测,如此往复循环,实现对探头的不断清洗,开关的开和关。

该多功能截流井的优点是能很好地实现污染物检测、井内流量情况的监视,数据的传输以及传输后的储存、分析,为下一步城市管网改造、截流井结构设计提供必要的依据。

5.3　截流式合流管网与混接管网排放过程清洁生产

5.3.1　截流式合流管网排放过程清洁生产

对于我国这样一个中小城市众多,合流管网普遍存在且改造要求高的欠发达国家,先进的高截污率合流管网改造与运行管理技术的研发应该是适合我国国情、高效、低耗和低成本的技术。各类截污率高、投入低、可达到一定治理深度的城市雨污水合流管网改造新技术,对经济尚不够发达而污染亟待治理的我国,尤其是绝大多数没有污水处理设施的 17 000 多个建制镇,在一段时期内都将具有重要意义。

截流式合流制是在直排式合流制的基础上,修建沿河截流干管,并在适当的位置设置溢流井,在截流主干管(渠)的末端修建污水处理厂。该系统可以保证晴天的污水全部进入污水处理厂,雨季时通过截流设施,截流式合流制排水系统可以汇集部分雨水(尤其是污染重的初期雨水径流)至污水处理厂,当雨污混合水量超过截流干管输水能力后,其超出部分通过溢流井泄入水体。这种体制对带有较多悬浮物的初期雨水和污水都可进行处理,对保护水体是有利的,但另一方面,雨量过大,混合污水量超过了截流管的设计流量,超出部分将溢流到城市河道,不可避免地会对水体造成局部和短期污染。此外,进入处理厂的污水,由于混有大量雨水,使原水水质、水量波动较大,势必对污水厂各处理单元产生冲击,这就对污水厂处理工艺提出了更高的要求。

合流制管网中污水的水质是变化的。雨水的流入不仅带入了径流冲刷的污染物,而且还把一部分沉积于管渠底部的污染物质也冲刷起来进入混合污水之中,因此雨水不仅是稀释污水,也有可能使混合污水的水质比原有污水还差,这在国内外均有过相关报道。直排式合流制对受纳水体造成的污染已经达到了不能容忍的程度,国内外均有模拟计算对水质影响的数学模型,其计算结果和实测资料均证明了这一点。截流式合流制可以把初降雨水送至污水处理厂处理,这对水体保护有一定优越性,但排出大量的溢流混合污水可能造成受纳水体的污染,应加以注意。完全合流式可以对受纳水体达到保护的水平,从环保方面对水体的影响最小。由于合流制污水的水质、水量的不断变化,不仅要求设计流量比分流制污水处理厂大,而且还给污水处理厂运行管理带来相当的困难。因此,国内很多城市正在进行大规模的老城区雨污合流管网改造。但由于涉及的方面多,问题复杂,社会矛盾大,多数城市对各种因素评估不足,改造方案不合理,仅仅是简单追求分流制,造成改造后无法发挥工程效果,不仅浪费了大量的财力、物力、人力,而且对城市排水系统的稳定性产生负面影响。

截流式合流制的关键是初期雨水截流井,要保证初期雨水进入截流管,中期以后的雨水直接排入水体,同时截流井中的污水不能溢出泄入水体。截流井的核心是雨污分流装置,截流井和雨污分流装置的设计甚至左右着整个排水系统的成败。截流井和雨污分流装置的作用是将污水经污水干管和截流管输送至污水处理后排放,初期雨水亦进入截流管送至污水处理厂,而降雨中期污染较小的雨水则直接排入水体。截流式合流制排水系统同时汇集了生活污水、工业废水和部分雨水送到污水处理厂,减轻了较脏的初期雨水对水体的冲击;但暴雨时通过截流井将部分生活污水、工业废水泄入水体,给水体带来一定程度的污染,因此要选择一个合理的截流倍数来消除这部分污水排入水体所带来的影响。

5.3.2 混接管网排放过程清洁生产

城市化加速,人口集中,大量的建筑和水泥道路建设致使地表渗透性下降,径流系数变大,进入管道的污水量陡增,给城市排水系统带来了巨大的压力。特别是老城区,由于历史原因,它们中的大多数是雨污混接排水系统(CSS),从而造成雨水天气下,溢流量大,水质差,且无任何污染治理措施。若是直接排放到周围水体,那么溢流污水将对城市水生态构成严重污染。

雨污混接系统溢流具有两方面的特性。非点源污染特性是指由于人类活动过程中产生的可溶性或不可溶性的固体污染物,例如城市固体垃圾、饲养场家畜排泄物、农耕中使用的化肥、农药,从随机性的位置随着降雨产生的地表径流进入地表水体,从而造成污染,其具有晴天逐渐累积,雨天冲刷排放的特征。雨污混接系统溢流因其来源中含有大量暴雨径流而具有非点源污染的特点,但又因其排放点通常是固定的,兼具了点源污染的特点。

将市政污水、工商业废水和地表径流污水混同在单一的排水管网系统中,而不采用分流的处理措施,将导致区域内雨天形成雨污混接排水系统发生溢流,一般的治理方法是在污水排放的区域内合理增设截流干管系统,并在末端设污水处理厂或净化设施以处理输送过来的混合污水。在旱流季节污水、初期雨水雨量或径流量很小的情况下,管网系统接收污水并输送至污水处理厂进行处理然后达标排放。当降雨强度和汇水面积较大时,地表径流迅速增加,溢流污水汇流至管网系统,当溢流污水流量超过管网系统的输送能力时,部分溢流污水经过溢流口发生溢流。城市地表径流污水含有冲刷形成的溶解的或者非溶解的污染物,由于降水和地表径流的冲刷作用,从排水性能差的排放口通过溢流过程汇入受纳水体引起水体污染。

第 6 章

末端处理与处置

末端治污包括两部分内容。其一为管网系统末端的污染物深度净化系统,主要内容包括构建溢流口生物、生态、物化净化措施,进一步控制排入水体的污染物。其二是在对溢流污染物最大化去除之后,需要对整个受纳水体系统进行重新审视与修复,实现受纳水体系统的健康良性发展,主要内容包括重建受纳水体系统的水生生态,使之成为新的生态系统中的主要初级生产者、重要生物的生境建造者、营养吸收转化的驱动者和悬浮物质沉降的促进者;重建基本的生态系统“生产者—消费者—分解者”结构,使之形成具有循环功能的食物网关系;在形成生态系统基本结构的基础上,以生态工程措施恢复和提高系统的生物多样性,使之渐趋稳定,最终实现受纳水体系统自我修复能力的提高和自我净化能力的强化,由损伤状态向健康稳定状态转化。

目前,我国城市污水处理新工艺层出不穷,并以国外引入的工艺技术为主导潮流,吸收国外一些先进的理念和技术,形成一些适应中国国情的技术,对解决和控制水体污染问题起了重大作用。但就当前国际上污水处理发展现状看,真正革命性的发明尚未出现,并不存在适用于任何场合、有百利无一弊的污水处理技术,每一种工艺都有一个适用性问题。了解国内外常见污水处理工艺,对其利弊进行客观辩证的分析,因地制宜地合理选择适用技术,对于城市污水处理工程设计和建设都具有重要意义。

污水处理所采用的工艺技术是污水处理厂的核心部分,污水处理采取的工艺与很多因素有关,如进水水质、出水要求、处理量、投资大小等,甚至还与气候有关,目前国内外常用的处理技术有活性污泥法、氧化沟、A/O 工艺、A2/O 工艺、AB 工艺、SBR 工艺等。

对污水的末端治理实施清洁生产,应首先根据实际条件,选择合适的处理工艺,在生物法处理的终端,对产生的污泥要进行最大可能的资源化利用。

　　相对来说,污水的末端治理技术比较成熟,在此主要讨论"合流制高截污率城市雨污水管网建设、改造和运行调控关键技术研究与工程示范"项目实施中比较具有创新性的溢流污染控制技术——磁絮凝溢流污染控制关键技术、旋流分离器控制雨水径流污染技术和多级吸附净化床技术。

6.1　磁絮凝溢流污染控制关键技术

6.1.1　磁絮凝反应器设计原理

　　磁絮凝反应器主要由产磁线圈和反应容器组成,见图6.1。其工作原理是:絮凝剂、磁种和废水在高效混合装置中充分混合后从进水管进入磁絮凝反应器,在导流板的导流作用下流体在反应区形成涡流,使絮凝剂与废水中污染物质得到充分混合与反应,使胶体颗粒脱稳、凝聚为具有良好沉淀性能的矾花后沉淀。反应容器置于匀强磁场中,通过磁场效应改善絮凝条件,强化絮凝效果。上清液从溢流口进入溢流槽至排水口排出。沉淀污泥从底部排泥口排出。

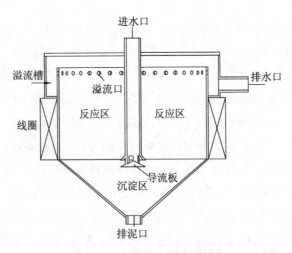

图 6.1　磁絮凝反应器结构图

6.1.2　磁絮凝反应器器体设计

（1）设计理论依据

磁絮凝反应器采用磁场效应来强化絮凝沉淀过程,因此,其设计依据主要以絮凝沉淀为主。水处理中的沉淀工艺是指在重力作用下将悬浮固体从水中分离的过程。沉淀所研究的是固相在液相中的迁移运动。利用沉淀以达到净水目的的工艺,早在古代已为人们熟悉和应用。在现代净水技术中,沉淀仍是应用广泛的处理工艺。从简单的沉砂池、预沉池,到混凝沉淀和软化后悬浮物的去除,以及污泥的浓缩,都属于沉淀工艺。沉淀工艺之所以被广泛采用主要是由于沉淀截流的污泥量大,而且构造简单、管理方便、经营费用较低。

在水处理中,根据悬浮液中固体的浓度和颗粒特性,悬浮固体的分离沉降可以分为:分散颗粒的自由沉降、絮凝颗粒的自由沉降、拥挤沉淀、压缩沉降等几种基本形式。本磁絮凝反应器沉降效果为后三种沉淀。

① 絮凝颗粒的自由沉降

在混凝沉淀池中悬浮物大多具有絮凝性能,因而其沉降不再像分散颗粒那样保持沉速不变。当颗粒碰撞而聚集后,其沉速加快。

② 拥挤沉淀

当颗粒浓度增加时,颗粒间的间隙相应减小,颗粒下沉所交换的液体体积的上涌将对周围颗粒的下沉产生影响。当颗粒浓度不太高时,对沉淀速度有一定降低,颗粒还可保持个别的沉速形式。随着颗粒浓度的继续增大,经过一段时间的平衡,沉速较快的颗粒沉至下层,相应地增加了下层的浓度,使下层的上涌速度加大,最终使悬浮液的全部颗粒以接近相同的速度下沉,形成界面形式的沉降,故又称作层状下降。

③ 压缩沉降

压缩沉降也称为污泥的浓缩。当沉降颗粒积聚在沉淀池的底部后,先沉降的颗粒将承受上部沉积污泥的重量。颗粒间的空隙水将由于压力增加和结构的变形而被挤出,使污泥的浓度提高。因此污泥的浓缩过程也是不断排出空隙水的过程。

（2）反应器器体设计

依据上述分析,可对磁絮凝反应器器体进行设计,设计器体平面为圆形。废水由设在反应器中心的进水管自上而下排入反应器中,进水口下设伞形挡板,使废水在池中均匀分布,然后沿池的整个断面缓慢上升,并产生旋流。带有磁核的磁性絮体在重力和磁场力作用下沉降进入池底锥形污泥斗中,澄清水从池上端周围的溢流堰中排出,装置三视图见图6.2。

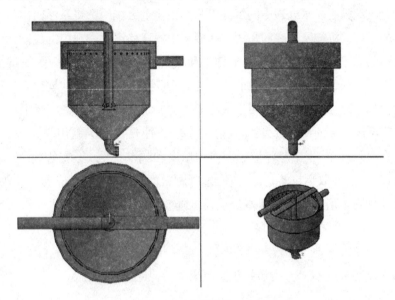

图6.2　反应器器体三视图

　　由于进入沉淀池的水流,在池中停留的时间通常并不相同,一部分水的停留时间小于设计停留时间,很快流出池外;另一部分则停留时间大于设计停留时间,这种停留时间不相同的现象叫作短流。短流使一部分水的停留时间缩短,得不到充分沉淀,降低了沉淀效率;另一部分水的停留时间可能很长,甚至出现水流基本停滞不动的死水区,减少了沉淀池的有效容积,从而影响反应器处理效果。因此,在反应器设计时必须合理设计反应器结构,尽量避免反应器内出现死水区,以强化絮体沉降。

6.1.3　磁絮凝反应器磁路设计

　　(1) 技术思路

　　根据研究要求,选用亥姆霍兹线圈来产生均匀磁场。亥姆霍兹线圈是一对相同的、共轴的、彼此平行的各密绕 N 匝线圈的圆环电流绕组。当它们的间距正好等于其圆环半径 R 时,这种圆形载流线圈称为亥姆霍兹线圈,见图 6.3。取通过两圆形线圈圆心的直线为 x 轴,两圆形线圈圆心之间直线的中点为坐标原点 O,设 N 匝亥姆霍兹线圈的半径为 R,每个线圈上通入同方向、同大小的电流 I,则每个线圈对轴线上任一点 P 的场强方向将一致。

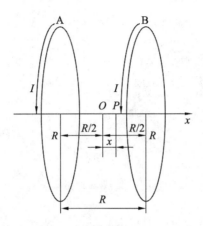

图 6.3　亥姆霍兹线圈示意图

A 线圈对点 P 的磁感应强度为

$$B_A = \frac{\mu_0 I R^2 N}{2\left[R^2 + \left(\dfrac{R}{2} - x\right)^2\right]^{\frac{3}{2}}} \tag{6.1}$$

B 线圈对点 P 的磁感应强度为

$$B_B = \frac{\mu_0 I R^2 N}{2\left[R^2 + \left(\dfrac{R}{2} + x\right)^2\right]^{\frac{3}{2}}} \tag{6.2}$$

则点 P 在 A,B 两线圈的磁感应强度为

$$B_x = \frac{\mu_0 I R^2 N}{2\left[R^2 + \left(\dfrac{R}{2} - x\right)^2\right]^{\frac{3}{2}}} + \frac{\mu_0 I R^2 N}{2\left[R^2 + \left(\dfrac{R}{2} + x\right)^2\right]^{\frac{3}{2}}} \tag{6.3}$$

其中,$\mu_0 = 4\pi \times 10^{-7}$ T·m/A。

本设计采用 5 对圆环形线圈组合的技术方案,每一对线圈绕组直径、匝数、线径完全相同;各对线圈之间保持线径相同而绕组直径、匝数则不同;最小一对线圈居内,其他线圈直径由内向外逐对增大;整体组合线圈构成一对同轴、等距、对称、平头锥体形的装置,见图6.4。

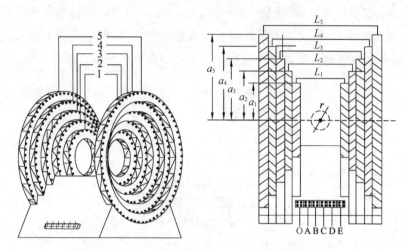

图6.4　磁发生器示意图

图中1~5分别表示5对线圈,L_1~L_5分别表示5对线圈间的间距;a_1~a_5分别表示5对线圈的半径;O,A~E分别表示不同的挡位。设计反应器中每一对线圈两绕组之间串联相接并且独立设置电源输入端子。在第5对线圈附加少量匝数的辅助绕组亦串联相接独立设置电源输入端子;5对线圈6对绕组遵循右手法则,输入电流取向一致。5对线圈组合装置由内向外,直径逐对增大,环周逐层加宽,形成阶梯错落。这使每对线圈既能满足亥姆霍兹条件(线圈绕组半径 R =绕组间距 L),发挥其均匀区大的优势,又为已经分解的匝数利用错落的环周开孔散热。

（2）方案设定

本实验装置设定基本参数如下：

① 发生磁场范围：1 nT ~ 100 mT;

② 最大输入电流:10 A;

③ 线圈绕组最小直径:26 cm。

对于第1对线圈(居最内),其线圈(绕组)直径:26 cm,半径 R_1 =13 cm,据亥姆霍兹条件,线圈(绕组)间距 L_1 = R_1 =13 cm,线圈绕组(含框架槽)厚度 d =5 cm;那么,第2对线圈对的最小间距已由第1对线圈位置制约,即 L_2 = L_1 +2d =23 cm,为满足亥姆霍兹条件,线圈半径 R_2 = L_2 =23 cm。同理,第

3 对、第 4 对、第 5 对线圈的半径为：$R_3 = 33$ cm，$R_4 = 43$ cm，$R_5 = 53$ cm。

考虑到绕组几何尺寸和电源功率匹配的合理性，不宜把 100 mT 平均分担在 5 对线圈上，为此划分第 1 对线圈到第 5 对线圈分别负担发生磁场强度是：$B_1 = 35$ mT，$B_2 = 25$ mT，$B_3 = 20$ mT，$B_4 = 12$ mT，$B_5 = 8$ mT。

根据已知参数，可分别求出第 1 对到第 5 对线圈的匝数：

$$N_1 \approx 506，N_2 \approx 640，N_3 \approx 734，N_4 \approx 574，N_5 \approx 472$$

（3）磁场发生器范围设定

该磁场发生器设定为在 $10^{-9} \sim 10^{-1}$ T（1 nT ～ 100 mT）内可调，通过调节发生器到不同的挡位并调节通入电流的大小，从而控制产生磁场强度的大小。磁场发生器磁场范围设定及其使用情况如下：

$1 \times 10^{-9} \sim 1 \times 10^{-4}$ T（1 nT ～ 100 μT），启动 O 挡；

$1 \times 10^{-4} \sim 8 \times 10^{-3}$ T（100 μT ～ 8 mT），启动 A 挡；

$1 \times 10^{-3} \sim 1 \times 10^{-2}$ T（1 ～ 10 mT），启动 B 挡；

$1 \times 10^{-2} \sim 2 \times 10^{-2}$ T（10 ～ 20 mT），启动 C 挡；

$2 \times 10^{-2} \sim 3 \times 10^{-2}$ T（20 ～ 30 mT），启动 D 挡；

$3 \times 10^{-2} \sim 4 \times 10^{-2}$ T（30 ～ 40 mT），启动 C 挡 + E 挡；

$4 \times 10^{-2} \sim 6 \times 10^{-2}$ T（40 ～ 60 mT），启动 D 挡 + E 挡；

$6 \times 10^{-2} \sim 8 \times 10^{-2}$ T（60 ～ 80 mT），启动 C 挡 + D 挡 + E 挡；

$8 \times 10^{-2} \sim 1 \times 10^{-1}$ T（80 ～ 100 mT），启动 C 挡 + D 挡 + E 挡 + A 挡 + B 挡。

当发生磁场大于 mT 量级，而其尾数又需要细分到 μT 量级乃至 nT 量级时，可附带调节 O 挡；O 挡还可作为微调。

（4）磁线圈冷却系统设计

在线圈制作工程中，线圈的放热问题是电磁发生器能否稳定工作的一个重要因素，工作时间越久，热量越大，就会导致线路短路等问题。一对几何尺寸完全相同的环形线圈，本质上要求绕组完全相同，因此在线圈制作时，首先要把握容纳绕组的线圈框架槽完全相同。电磁学理论所建立的磁场线圈的数学方程都是以线电流为基准的，因此匝与匝之间越紧密，截面积越小越好。不过线径太小，电阻增大将不利于散热和电源的匹配，因此，此处线圈采用 Φ1.4 mm 线径的铜线绕制。

　　另外,在线圈框架的材料选择上,由于线圈通电后会产生很大的热量,且为了保持磁路的稳定,应选取机械性能好、耐热、无磁性的非金属材料,如选择环氧树脂复合材料。绕组线槽的宽度和深度尺寸误差小于 0.05 mm。为了使框架具有良好的散热性能,在线槽的底面和相对侧面周边均打上小孔以利于散热。

6.1.4　磁絮凝反应器优化分析

　　理想的絮凝池应达到以最短的絮凝时间、最少的能量消耗,完成最好的絮凝效果,为此必须在絮凝全过程的任何时刻,都满足最高的絮凝效率。在絮凝过程中,水力条件对絮凝体的成长起决定性作用,因此,合理控制水力条件是提高絮凝效率的关键。

　　在紊流条件下,絮凝是小涡旋作用的结果,然而从对反应器的模拟来看,在流动过程中,水流只在通过导流板时形成较大的旋流,混凝效果会大大降低。在导流板作用下,流速虽然有所增大,但水流动力不足时,就会使上升流速过小,水流趋于均匀。若进水流速过大,水流的剪切力也会较大,从而破坏产生的絮体。另外,通过模拟发现,在反应区形成一个较大的死水区,大大影响了絮凝效果。因此,为了改善反应器内水流状况,加大反应器内水流扰动程度,避免死水区的影响,在反应器反应区加设两道环状 90° 波形折流板,运用折板的缩放或者转弯造成的边界层分离现象所产生的吸附紊流耗能方式,利用搅流机构形成的水力喷射、微涡漩紊动、角隅涡流综合效应和竖向流形成的絮粒网捕作用,在絮凝池内沿程保持横向均匀、纵向分散地输入微量而足够的能量,有效提高输入能量的利用率,缩短絮凝时间,提高絮凝体沉降性能,从而达到良好的絮凝效果,改进后的反应器见图 6.5。

　　水流在导流板作用下产生上升流,经过 90° 折板时,竖流沿着径向速度梯度较大,就会形成较小的漩涡,有利于颗粒碰撞和能量的有效传递与利用,提高絮凝效果。同时,加设导流板避免了旋流中心死水区。磁力作用加强了颗粒运动的紊乱程度,使颗粒间碰撞机会增多,有利于絮凝矾花的形成。在 90° 波形折流板的波峰和波谷处开有平角,竖板的缓冲作用使得产生的回流漩涡最微弱,能够有效防止絮体的破坏。

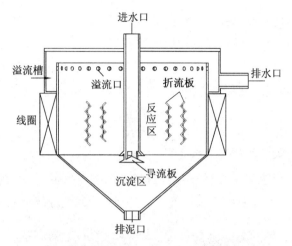

图 6.5   改进后的磁絮凝反应器

6.2   旋流分离器控制雨水径流污染技术

6.2.1   旋流分离器工作原理

旋流分离器作为分离分级设备的基本工作原理是基于离心沉降作用。当分离的两相混合液以一定的压力从旋流分离器上部周边切向进入器内后,产生强烈的旋转运动,由于轻相和重相存在密度差,所受的离心力、向心浮力和流体拽力的大小不同,受离心沉降作用,大部分重相经旋流器底流口排出,而大部分轻相则由溢流口排出,从而达到分离的目的。当离心沉降过程中的颗粒粒度很小时,可以采用层流状态下的 Stokes 公式,此时的离心沉降末速度为

$$v_0 = \frac{d^2 \Delta \rho \omega^2 r}{18\mu} \tag{6.4}$$

式中, d ——颗粒大小;

$\Delta\rho$ ——密度差;

μ ——黏度;

r ——旋转半径;

ω ——角速度。

可以看出,在高速离心力场中,由于 ω 值可以很大,因此可以用旋流分离器去除一些重力沉降难以处理的细颗粒。

根据式(6.4),当进料物确定之后,其颗粒的半径、密度和黏度都是某一特定值,在此我们定义其为物性常数 τ:

$$\tau = \frac{d^2 \Delta\rho}{18\mu} \tag{6.5}$$

由于该常数的单位为时间单位,因此称之为时间常数。时间常数值小的颗粒不仅沉降速度小,而且对湍流也敏感,即使颗粒已形成沉降,也会很容易被卷起,这不利于颗粒的分离。旋流分离器固液分离示意图见图6.6。

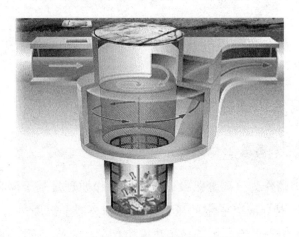

图6.6 旋流分离器固液分离示意图

6.2.2 旋流分离器的特点

在大量实际应用中,旋流分离器显示出一些突出的优点:

① 结构简单、成本低廉,易于安装与操作,几乎不需要维护和附属设备;

② 体积小,单位面积处理量大,可节约现场空间;

③ 存在较高的剪切力,可破坏颗粒间的凝聚,有利于固相颗粒分级与洗涤;

④ 用途广泛,可完成液体澄清、浓缩、颗粒分级、分离与洗涤,液体除气与除砂,以及非互溶液体的分离等。

但同时旋流分离器也存在一些不足之处：

① 设备磨损快，特别是进流口与出流口周围；

② 存在较高的剪切力，对脆性物料以及絮团会引起破碎，不利于分离；

③ 泥化程度高，原料受到旋流器的强烈搅动和磨损，磨碎严重，增加了分选的困难；

④ 要求给料的浓度、粒度和压力稳定，否则对分离效率的影响很大。

纵观旋流分离器的优缺点，可以发现，应用旋流分离器进行雨水径流的泥沙分离，能充分发挥旋流分离器的自身优势，而且旋流分离器自身的缺点对分离过程影响不大，所以应用旋流分离器进行雨水径流的泥沙分离，可以较大地提高该过程的分离效率，取得良好的澄清效果。

6.2.3　旋流分离器结构设计

（1）进出口直径

根据给定条件，下水管道直径为 300 mm；因此设计旋流分离器进口直径为 300 mm；考虑到出流及管路安装情况，以及参考相关设计资料，确定出口直径也为 300 mm。参照美国的 Vortex cleaning 公司的旋流分离器设计资料及相关试验数据，我们把进口和出口的位置定在同一高度，这样便于安装、施工等。

（2）进出口高度

根据旋流要求及水流过快等条件的限制，为防止水流过快而出现从观察孔涌出的情况，需要把进口的高度安装在距观察孔至少一倍进口管径的下方，以避免发生溢流现象，安装过高也不利于旋流的形成，由于顶部会阻碍流动，因此，进、出口均确定在距顶部 400 mm 的位置。

（3）旋流分离器直径

旋流器直径主要影响过流能力和分离粒度的大小。过流能力和分离粒度随着旋流分离器直径的增大而增加。从庞学诗的过流能力理论公式：

$$Q = 2.69 D_1 D \sqrt{\dfrac{\Delta p}{\rho \left[\dfrac{1.5 D^{1.28}}{D_u} - 1 \right]}} \tag{6.6}$$

或 Plitt 的过流能力经验公式：

$$Q = 0.042D^{0.4}D_1^{0.53}H^{0.16}(D_u^2 + D_0^2)^{0.49}\Delta p^{0.56}/\exp(0.003\,1c_y) \quad (6.7)$$

均可以看出,旋流器的过流能力 Q 与直径 D 的 0.36 或 0.4 次方成正比。若设计过流能力为 15 m³/h,则计算得需要直径为 1 500 mm 才能满足要求。根据旋流原理及美国 Vortex cleaning 公司的旋流分离器设计资料,以及《水力旋流分离器》设计要求,进口直径与旋流器直径的关系为

$$D_{进口} = (0.15 - 0.25)D_{直径}$$

最后确定旋流分离器的直径为 1 500 mm。

(4) 旋流分离器总高度

相关资料及数值模拟计算的结果可以证明,对于旋流分离器来说,如果旋流沉降的路线越长,即旋流分离器高度很高,那么颗粒物沉降时间越长,沉降效果就会越好。但是要考虑施工以及清理沉淀物等情况,就不能把旋流分离器做得很高。根据示范工程现场实际情况,假定一年清理一次底部沉积物,以计算沉积物所占的高度,从而确定旋流分离器高度。考虑镇江地区夏季暴雨的情况,查阅相关资料,暴雨径流的 SS 浓度最高在 1 200 mg/L,平均为 500 mg/L,设计旋流器流量为 15 m³/h,每次暴雨 2 h,旋流分离器去除效率为 80%,则可得出每次沉积的泥沙量为 500×0.8×15×2 = 12 kg。

其次考虑泥沙密度及暴雨次数,泥沙密度为 3×10³ kg/m³,暴雨设为每年 80 天,那么总的泥沙质量为 500×0.8×15×2×80 = 960 kg。沉降池的沉降情况为中间沉降较多,圆周沉降较少,因此计算时要考虑底部容积的 2/3,计算得沉积物需要高度为 600 mm。此外还要考虑沉降下来的颗粒物不要阻挡旋流的流动,即沉积物上部要有一定的高度,能够使得旋流正常进行,因此上部增加 600 mm 以便于旋流进行,同时参照美国 Vortex cleaning 公司的旋流分离器设计资料,最后确定旋流分离器高度为 2 000 mm。设计结构见图 6.7。

(5) 弧形挡板的设计

弧形挡板的主要作用是使旋流能够形成,不要阻碍流动,然后阻碍大的悬浮物直接流出,因此弧形挡板布置在顶部,防止大的漂浮物直接从出口流出。为保证流动顺利进行,就要保证弧形挡板后面的过流面积不能小于进口管的过流面积,根据这个要求来确定弧形挡板的半径。对于 300 mm 的管路,进水管路过流面积为 $\pi×0.15^2 = 0.070\,7$ m²。可利用过流面积相等计算

弧形挡板半径,设半径为 R,圆弧角度为 60°(如图 6.8),计算阴影部分的面积,使得它不能小于进口管的过流面积。

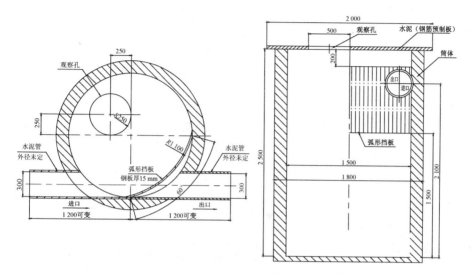

图 6.7　设计旋流分离器结构图

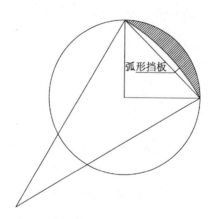

图 6.8　弧形挡板计算图

$$\frac{1}{6}\pi R^2 - \frac{1}{2} \times \frac{\sqrt{3}}{2}R^2 = \frac{1}{4}\pi \times 0.75^2 - \frac{1}{2} \times 0.75^2 - \pi \times 0.15^2 \quad (6.8)$$

计算得半径 $R = 1$ m,考虑到弧形挡板的强度问题,要在挡板后面设加强筋,从而阻碍流动,并占用一定面积,因此取直径 $R = 1.1$ m,这样才能保证流动顺利进行。弧形挡板总高度的确定主要考虑进水要能够形成旋流,同时保证下面的沉积物不能够翻上来从出口流出,因此确定弧形挡板总高度为800 mm。设计的弧形挡板见图6.9。

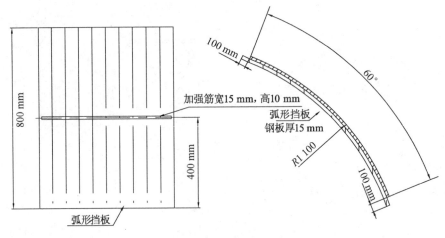

图 6.9 弧形挡板设计图

6.3 多级吸附净化床技术

6.3.1 多级吸附净化床装置

该装置包括旋流沉砂井和吸附净化床,见图6.10。旋流沉砂井内设旋流挡板、井壁安装爬梯、顶部设检修入口;多级吸附净化床由生物过滤区、多级吸附净化区、出水区组成;生物过滤区内填充易于微生物附着的填料层;多级吸附净化区由挡板分隔成多个隔室,每个隔室内填充不同的吸附材料,用以分别去除污水中的有机污染物氮、磷等;最后一个隔室顶部设置出水堰;出水堰收集处理后的污水排入出水区,出水区连接出水管。

污水首先经过旋流沉沙井进行预处理,去除水中的砂粒后进入吸附净化床生物过滤区,该滤料区的滤料层由直径为3 cm的塑料球组成,污水进入该池后去除水中丝状物。接着污水自然流淌依次经过多级吸附区,最后通过集水槽和出水区排入受纳水体。

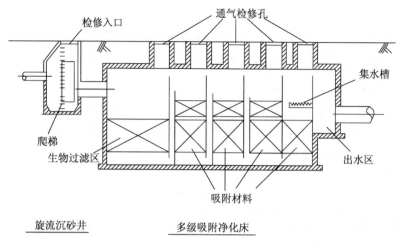

图 6.10　多级吸附净化床装置图

6.3.2　常用吸附材料

（1）硅藻土

硅藻土具有独特的微孔结构,比表面积大,堆密度小,孔体积大,因而其吸附能力强,但这并不表明硅藻土对任何物质都具有强吸附能力。由于硅藻土吸附剂多呈负电性,因而对带负电有机物的吸附就受到一定限制。发生在硅藻土孔隙内的吸附主要是物理吸附,既可以发生单分子吸附,也可以形成多分子层吸附,吸附的速率较快。目前硅藻土主要用于处理城市污水、造纸废水、印染废水、屠宰废水、含油废水和重金属废水。

（2）铁屑

铁屑提供的 Fe 离子将与污水中的溶解性磷酸盐反应生成颗粒状、非溶解性的 $FePO_4$ 化合物,通过吸附固定和化学沉淀作用去除。

（3）凹土

天然凹凸棒石黏土杂质含量较高,杂质的存在削弱凹凸棒石原有性能,比如影响其吸附性、胶体性和脱色性等,使用时有一定的局限性,无法达到良好的效果。为了提高凹凸棒石黏土的质量,满足工业要求,在使用前需对其进行预处理及改性等过程。改性方法有热改性、酸改性、碱改性和盐改性等。

（4）腐木

腐木主要是枯木、落叶等含碳有机物,这些有机物能补充足够的碳源,在缺氧条件下通过反硝化菌的作用,将硝酸态氮转化成氮气。

（5）活性炭

活性炭材料是一种多孔的无定形碳,具有丰富的孔隙结构和巨大的比表面积,吸附能力极强。活性炭的吸附性能主要由其结构特性和表面化学特性及电化学性能所决定。

（6）沸石

天然沸石是一种骨架状的铝硅酸盐,天然沸石与合成沸石的分子筛一样,能够选择性地吸附气体,进行催化反应,并在水溶液中具有离子交换能力。天然沸石对于去除生活污水和工业废水中的氨氮有较好的效果。沸石作为一种来源广泛、价格低廉的无机非金属矿物,因其独特的吸附性能、离子交换性能和易再生的特点,在去除污水中氮、磷有着很好的应用前景。但由于天然沸石分子孔道堵塞和带电等原因,它直接用于污水中氮、磷处理的效果不甚理想,因此有必要对沸石进行适当的改性处理。

第7章

合流制溢流污染控制系统
动力学模型的应用

7.1 镇江市老城区排水管网现状

镇江市老城区北临长江,特殊的地理位置决定了其多雨的气候特点,但是作为一个古城,城市污水管道的铺设落后于城市的建设发展,更加重了其外洪内涝的可能性。老城区占地 45 km^2,现有人口 51 万,是镇江市政治文化经济中心,具有合流制管道 251 km,污水排至镇江市征润州污水处理厂处理,以古运河、运粮河和虹桥港作为镇江主城区的主要纳污河道。镇江市老城区排水管网现状见图 7.1。

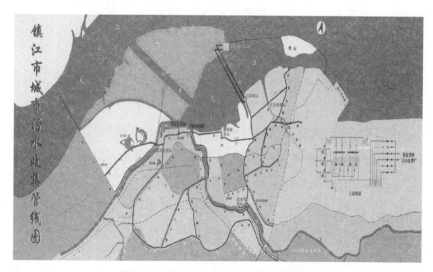

图 7.1 镇江市老城区排水管网现状图

由于采用截流式合流制排水系统,许多地区还未形成完整的雨污收集系统,加之降雨频繁,截流倍数较低,溢流污染严重,导致大量污水排入受纳水体,使得城市纳污河流及其二级河流污染严重,水质均为劣V类,属重污染水体。

自20世纪90年代起,镇江市分别对老城区古运河、运粮河、虹桥港、内江等水体陆续建设了污水截流工程,基本消除了旱季污水入河问题,然而由于目前镇江市内除一些新建区采用雨污分流排水体制外,其余地区大都是合流制排水管道系统,晴天时要输送城市污水,雨天时则输送雨污混合水。当暴雨雨量超过合流管道的设计能力时,过量的雨污混合水从合流管道的溢流口或合流泵站溢出,排入城市水体,造成水体的严重污染,并影响城市居民的生存环境。特别是久晴之后,暴雨初期的雨污水会在1~2小时内携带很多地表沉积污染物,如汽车尾气、降尘等地面垃圾,对水环境的污染严重。据统计,古运河市区沿线的10座合流泵站每年排入古运河的水量约为85万立方米,COD_{Cr}负荷约为102吨,是古运河及内江的主要污染源之一。因此,对排水管网进行改造迫在眉睫。但是,由于影响排水管网雨天排水的因素较多,包括降雨强度、降雨地点、排水管网调度、日常养护等,镇江市这方面的基础数据,对地表径流产汇流规律、管道水流规律和污染物沉积规律、排水系统溢流对河流水质的影响等认识不足,因此有必要对镇江市合流制管网进行系统模拟,科学分析合流制管网系统的产污规律,为镇江市合流制污水管网系统的改造提供参考依据。

7.2 镇江市老城区合流制排水管网 SD 模型

在第3章中,已经建立了合流制管网系统动力学模型,但是在所建模型中选取的变量是管网运行的一般普遍变量。而事实上,不同地区的管网往往具有自身的特征,所选取的所有变量并不一定全部是所有管网的敏感性因素。因此,在将该模型应用于某一地区的排水管网时,应当首先进行模型变量的选取,这一方面可以精简系统,提高模型模拟精度,另一方面可以从直观上表现该研究目标的信息。在确定和分析镇江市排水管网的系统边界、结构关系和子系统的基础上,选取影响因子和系统变量,建立镇江市老城区合流制排水管网系统的 SD 模型。

运用 Vensim PLE 系统动力学软件对模型进行模拟,模型中模拟的时间范围为一场降雨开始到溢流结束的时间,模型中的主要数据来源于《镇江市征润州污水处理系统改造可行性报告》《镇江市城市污水系统建设工程计划》《镇江市城市"十一五"排水规划》。对系统动力学软件来说,本身并没有编程,其方程的实质为微分方程组。在参考和归纳经验值后,确定了表 7.1 中的参数作为镇江市老城区排水管网系统动力学模型的系统变量。

表 7.1　镇江市老城区排水管网系统动力学模型变量

所在子系统	编号	变量类型	代　码	意　义	单位
	1#1	C	QCWCEE	单日综合用水量	$m^3/(p \cdot d)$
	1#2	C	CSO	折污系数	dnml
	1#3	A	QCWEE	单日人均综合污水量	$m^3/(p \cdot d)$
	1#4	C	P	人口	p
	1#5	A	QPSWPE	单日点源污水产生量	m^3/d
	1#6	A	VCPSW	综合污水时变化系数	d/h
	1#7	A	QPSWP	点源污水产生量	m^3/h
	1#8	C	RPWC	点源污水收集率	dnml
	1#9	R	SPWP	点源污水进入管网速度	m^3/h
	1#10	C	PLPSWCOD	点源污水 COD 负荷	kg/m^3
	1#11	A	APSWCOD	点源污水 COD 产量	kg/m^3
	1#12	C	CA	集水区面积	m^2
污染源产生子系统	1#13	A	RI	降雨强度	mm/h
	1#14	C	RHA	居住面积比例	dnml
	1#15	C	RBA	商业面积比例	dnml
	1#16	C	RGA	绿地面积比例	dnml
	1#17	C	ROA	其他面积比例	dnml
	1#18	A	CR	径流系数	dnml
	1#19	R	QR	地表径流量	m^3/h
	1#20	A	MPLUA	单位面积污染负荷	kg/m^2
	1#21	C	DBR	降雨前旱天数	d
	1#22	A	CODGSDD	旱天地表沉积 COD 量	kg
	1#27	L	CODGS	地表 COD 量	kg
	1#28	A	CW	冲刷系数	dnml
	1#29	A	IRR	径流率指数	dnml
	1#30	R	CODGWSR	地表径流冲刷 COD 量	kg/h
	1#31	A	PLRCOD	径流 COD 负荷	kg/m^3

所在子系统	编号	变量类型	代码	意　义	单位
收集运输子系统	2#1	A	RGI	地下水渗入率	dnml
	2#2	L	QP	管网污水量	m³
	2#3	C	LP	管网长度	m
	2#4	C	PS	管网坡度	dnml
	2#5	C	APD	平均管径	mm
	2#6	A	DPNDD	旱天管道沉积固体量	kg
	2#7	L	DPN	管道内沉积固体量	kg
	2#8	R	DPNWR	管道内被冲刷沉积固体量	kg/h
	2#9	A	CODPNWR	管道冲刷引起 COD 量	kg/h
	2#10	A	PLPCOD	管道冲刷引起 COD 负荷	kg/m³
	2#11	R	QTPS	输送至泵站污水量	m³/h
	2#12	L	QPS	泵站污水量	m³
	2#13	A	CODF	管道中流动 COD 量	kg/h
污水处理子系统	3#1	R	QWP	输送至污水处理厂污水量	m³/h
	3#2	A	CODP	进入污水处理厂 COD 量	kg/h
	3#3	C	RPR	污水处理厂污染去除率	dnml
	3#4	A	CODPDW	污水处理厂出水 COD 量	kg/h
	3#5	A	CODPDW	污水处理厂出水 COD 负荷	kg/m³
污水溢流子系统	4#1	C	IR	截流倍数	dnml
	4#2	A	QO	溢流污水量	m³/h
	4#3	A	RO	污水溢流率	dnml
	4#4	R	AOCOD	溢流 COD 量	kg/h
	4#5	A	PLOCOD	溢流 COD 负荷	kg/m³
受纳水体子系统	5#1	L	ACODMP	混合处 COD 量	kg
	5#2	C	BCPR	受纳水体 COD 背景值	kg/m³
	5#3	C	DBUD	监测距离	m
	5#4	C	TVRQP	受纳水体水质保护目标值	kg/m³
	5#5	C	CAR	受纳水体断面面积	m²
	5#6	C	VFR	受纳水体流速	m/s
	5#7	A	FR	受纳水体流量	m³/s
	5#8	A	CRPS	受纳水体污染物自净系数	m³/d
	5#9	A	ACR	受纳水体纳污能力	kg/h
	5#10	A	IOP	溢流污水指数	dnml

通过变量之间的关系构造镇江市老城区合流制管网 SD 模型如图 7.2 所示。

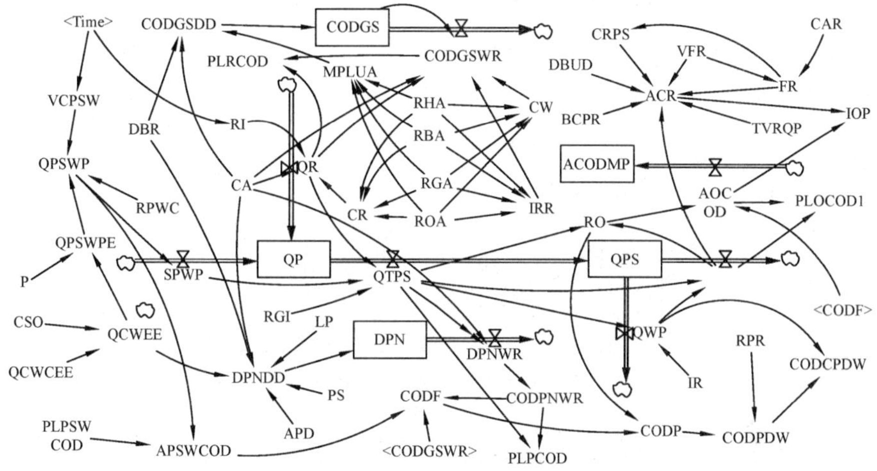

图 7.2　镇江市老城区合流制排水系统 SD 模型流图

7.3　模型检验

7.3.1　模型有效性检验

系统动力学模型模拟仿真是在根据系统流图所编制模型方程的基础上,利用系统动力学软件在计算机上进行动态仿真计算,计算流位变量、流率变量和辅助变量的值,并绘制出变化趋势图。根据镇江市老城区排水管网现状条件下的各参数赋值,运用历史回顾检验法,把模型运行的模拟值和实际统计的历史值相对比,模拟 2010 年 7 月 4 日 16:00 之后排水管网的运作情况,其中 16:49 到 17:58 之间有 3 场连续的短时降水过程,由此得到了系统动力学模型的模拟结果。

比较的真实值来源于实验记录,在降雨过程中根据降雨强度和流量大小每隔 3~10 min 用 600 mL 聚氯乙烯瓶取样,带回实验室进行污染物含量分析,采用重铬酸钾法对 COD 进行测定,为了保证测定结果的准确性,每次取样后,按国家标准分别进行低温处理,并尽快送至实验室进行分析。结合研究区域的实际情况,对于地表径流,选取 3 个取样点:1#取样点为城市客厅旁,2#取样点为江滨新村,3#取样点为原南门夜市,取 3 个取样点的平均值作为参考;对于溢流污水,选取中山桥溢流口作为取样点。

　　图7.3为模拟过程中降雨强度变化图。图7.4和图7.5分别为地表径流COD负荷变化及溢流COD负荷变化,图中的左图代表模拟结果,右图代表真实状况。

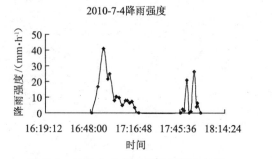

图7.3　2010年7月4日降雨强度记录

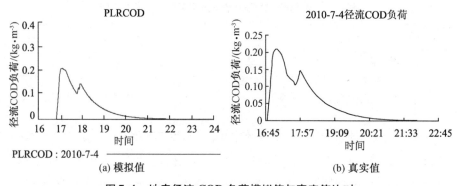

图7.4　地表径流COD负荷模拟值与真实值比对

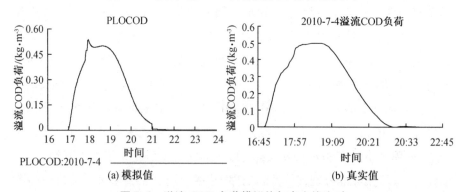

图7.5　溢流COD负荷模拟值与真实值比对

　　建立系统动力学模型的目的是为了反映所研究问题的全貌,是在控制策略的操纵下预测的变化趋势,而不是精确地再现真实情况。通过图 7.4 及图 7.5 的对比分析可知,此模型能较好地拟合实际情况,有效地代表镇江市合流制排水系统现状,适合进行仿真模拟和策略分析。

7.3.2　模型灵敏度检验

系统动力学研究的对象是十分复杂的,而其两两参数之间的关系往往过分简单,或者是根据主观的估计来判断。因此,参数带有一定的近似性。灵敏度检验就是用于研究参数的变化对系统行为的影响程度。如果模型中参数方程或模拟方程改变后所得到的模拟行为曲线有较大变化,那么模型的参数是灵敏的;如果模型中参数方程或模拟方程改变后所得到的模拟行为无较大变化,那么模型的参数是不灵敏的。

降雨前旱天数对溢流 COD 负荷的影响纵贯整个模型,具有较好的代表性,所以选择改变降雨前旱天数对溢流 COD 负荷的影响来测试整个系统的灵敏度,将降雨前旱天数由 1 改变为 3,溢流 COD 负荷的变化如图 7.6 所示。

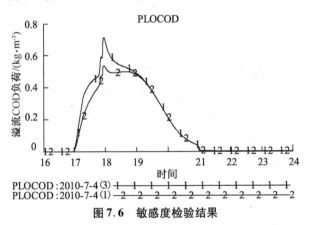

图 7.6　敏感度检验结果

可以看出,在改变了以上有关参数变量大小后,尽管模型的行为曲线在振幅大小上有所差异,但模型的行为变化趋势没有出现大的变动,说明模型参数是不灵敏的,所以模型对参数的要求不会很苛刻,有利于模型在实际中的应用。

7.4　工程技术控制与闸门控制方案研究

系统动力学是一种仿结构模型,因此根据模型不仅能预测出主要变量的发展趋势,还可以试验各种虚拟假设条件的变更对系统行为产生的影响,模仿不同政策之下模型所代表的真实系统将产生何种行为模式,从而为我们做出决策提供科学的参考依据。因此,能够灵活地进行政策模拟是系统动力学的优点之一,也是它被称为"策略实验室"的根本原因之一。

政策是由系统的结构与参数组成的。所谓政策,指的是那些描述信息如何被用来决定行动的规律。政策的变化通常是改变行动的程度和信息的传播,所以对于本模型的政策模拟,可分为两部分来进行:一部分通过工程技术改造模拟排水管网溢流污染的情况,以期实现源头减污、过程控污、末端治污的效果;另一部分通过加强信息管理,利用降雨的间隙性和周期性实现对溢流污染的控制。

在接下来的模拟中,模拟降雨情景采用基于芝加哥过程线模型合成的镇江市暴雨强度公式:

$$q = \frac{2\,418.\,16(1 + 0.\,787\,\lg P)}{(t + 10.\,5)^{0.\,78}} \tag{7.1}$$

式中,q——设计暴雨强度,L/(s·hm²);

t——降雨历时,min;

P——设计重现期,a。

选取降雨重现期为3年,降雨时间为1小时的雨型,根据上述暴雨强度公式可得1小时雨量分布情况,如图7.7所示。根据模型设计前提,假设在整个汇水面内各点的降雨强度都是相同的。

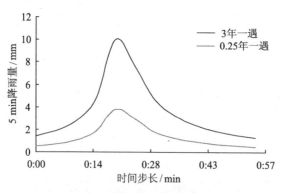

图7.7　镇江1小时雨量分布图

7.4.1　工程技术控制方案研究

此部分的研究目的在于模拟不同的污染控制方法产生的效能,污水在排水系统中的路径可以总结为:源—流—汇。从这个角度出发,参考和归纳常用的溢流污染控制方法后,结合镇江市老城区排水管网改造规划的可行性,确定了模拟的 7 种策略方案,如表 7.2 所示。

表 7.2　工程技术控制策略设计

工程技术控制路径		0	1	2	3	4	5	6	7
源头	综合径流系数	0.546	0.418	0.546	0.546	0.546	0.546	0.546	0.418
	地表污染负荷/(g·m⁻³)	8.117	8.117	7.243	8.117	8.117	8.117	8.117	7.243
过程	管道沉积污染负荷去除率/%	0	0	0	70	0	0	0	70
	地下水渗入率/%	10	10	10	10	5	10	10	5
末端	截流倍数	1	1	1	1	1	3	1	3
	溢流悬浮物去除率/%	0	0	0	0	0	0	50	50

依据表 7.2 进行模拟的结果见图 7.8 和图 7.9。

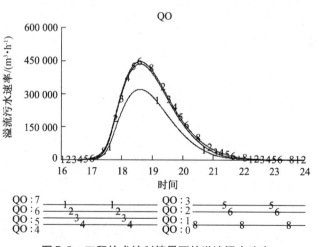

图 7.8　工程技术控制情景下的溢流污水速率

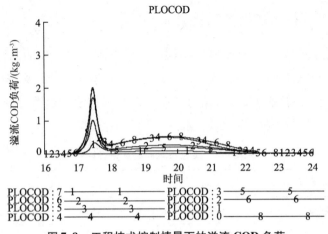

图 7.9　工程技术控制情景下的溢流 COD 负荷

表 7.3 是降雨过程中产生的峰值量及总量对比。

表 7.3　工程技术控制情景下溢流总量对比

情　景	溢流污水 总量/m³	溢流污水总 量削减率/%	溢流 COD 总量/kg	溢流 COD 总量 削减率/%
0	927 353.9		2.325 318	
1	683 954.1	26.25	2.163 635	6.95
2	927 353.9	0	1.988 724	14.48
3	927 353.9	0	1.268 326	45.46
4	927 353.9	0	2.325 318	0
5	878 434.8	5.28	2.015 896	13.31
6	927 353.9	0	0.962 659	58.60
7	637 261.5	31.28	0.373 486	83.94

情景 0 作为参照背景设置,表示排水系统的现状,未添加任何污染控制技术。图 7.8 显示的是不同技术控制改造策略下的溢流量随时间变化的情况,图 7.9 是溢流污水 COD 负荷随时间变化的情况。从图 7.9 可以看到,溢流 COD 负荷在降雨初期 17:30 出现了最高峰值,这是因为此时降雨强度还在增加,降雨量并未达到高峰,但是初期冲刷地面产生的 COD 污染量比较大,达到第一个峰值后,随着降雨量越来越大,污染负荷逐渐减小。在第一高峰之后出现了一个绵长的小高峰,这是由于管道淤积造成的污染负荷高峰,模拟设置的雨量比较大,且降雨前旱天天数较少,管道内淤积污染浓度

不高,造成第二个高峰较第一个低。

情景 1 与情景 2 基于"源头减污"的处理技术做改造。情景 1 采用减小径流系数的方法,具体参数设置如表 7.4 所示。

表 7.4　模型径流系数设置

用地类型	面积/km²	面积比率/%	径流系数	
			改造前	改造后
居住用地	12.2	35.8	0.7	0.5
商业用地	7.0	20.5	0.9	0.6
绿地	12.2	35.7	0.2	0.2
其他用地	2.7	7.9	0.5	0.4
合计	34.1	100	0.546	0.418 5

通过图 7.8 和图 7.9 的模拟结果还可以看出,溢流污水峰值明显有所减少,但是溢流 COD 负荷的减少却并不明显,只在第一个峰值处略有减少,第二峰值处几乎与背景模拟值相同,溢流峰值污水量、溢流总污水量、溢流 COD 峰值量、溢流 COD 总量的削减率依次为 26%,26%,17% 及 7%。该方法对溢流污水量的控制效果还是比较好的,对峰值处的 COD 削减效果也比较好,但是对 COD 总量的控制不尽如人意,不能符合以最小水量削减控制最大污染的目标。而且镇江市老城区的绿化面积已经达到 35.7%,受制于城市化发展,绿化面积的增加可行性不大,但是可以以小区为单位采取透水路面铺装、生态屋顶等技术改变下垫面的径流系数,从根本上减少溢流污水量的产生。

情景 2 采用减少地表污染负荷的方法,可以通过定期冲刷道路表面,增加清扫次数的方法实现。可以想象,这对于减少溢流污水量的产生毫无帮助,但是对于降低溢流污染负荷略有帮助。从图 7.9 中可以看出,在第一峰值处非常明显地减少了 50% 的峰值量,但是溢流 COD 的总量削减只达到 15%,这是由于这种控制方法只削减了地表径流中携带的污染物而无法控制管道中沉积的污染物。

与"过程控污"控制技术有关的是情景 3 和情景 4。情景 3 涉及前面章节中提到的管道冲洗技术,许多发达国家对管道冲洗技术已应用得十分广泛且技术成熟,只要在合流干管中增设管道冲洗设备,且在降雨前对管道进行冲洗即可减少管道中 70% 的淤积污泥。从图 7.9 中可以看出,溢流 COD 负荷在第一个峰值处并没有减少,但在第二峰值处减少了 50% 以上,同时这一结果也证明了上述第二个峰值是由管道淤积污染引起的结论。此方法对于溢流 COD 总量的削减达到了 45%，这说明管道沉积为溢流贡献的污染所占比例比较大。

情景 4 是基于管道渗透的改造，低于地表水基准面的管道都会不同程度地产生地下水渗入，一般按旱天管网总流量的 10% 计，通过管网修复等工程希望渗透率能够减小到 5%，以减少溢流水量，但是从图 7.8 和图 7.9 可以看出，修复管网对溢流水量的减少和溢流 COD 负荷的减少几乎毫无影响。降雨强度较大时，旱流污水量相对占溢流水量比例较小。相比之下，地下水入渗量更小了，几乎可以忽略不计，所以对溢流污水造成的影响也可以忽略不计。

情景 5 及情景 6 采用的是"末端治污"的方法，情景 5 是理论上较为常规的溢流污染控制技术，即增大截流倍数。镇江市老城区采用的截流倍数为 1，在国内是较为普遍的情况，但与发达国家一般采用 3～5 的截流倍数相比非常小，本次模拟提高截流倍数至 3，模拟结果见图 7.8 和图 7.9。可以看出，溢流污水量只有略微减少，在峰值处大概只有 3% 的减少量，溢流污水总量也仅被削减了 5%；而溢流 COD 负荷峰值削减量仅有 15% 左右，溢流 COD 总量削减也仅有 13%。增大截流倍数的前提要增大污水处理厂的营运能力以及管网的输送能力，所以相比于增大截流倍数所投入的资金及工程量 15% 的污染削减率明显不够经济。

情景 6 采用的是增加末端处理设备的方法，末端处理设备的发展已非常成熟，种类也非常多，前面提到的旋流分离器、磁絮凝技术、吸附净化床等都可以实现 50% 以上的 COD 去除率，图 7.9 显示了相应的趋势。

情景 7 是综合上述 6 种工程控制方法的情况，将前面所述 6 种控制方法运用到同一个策略中。可以看到，峰值处的溢流水量只有原来背景比较值的 2/3，而峰值处的溢流 COD 负荷及溢流 COD 总量都比情景 0 减少了 40% 以上，而且溢流时间明显缩短。这种策略并不是我们推荐的，但是说明选择技术集成的方法效果要比单一的控制技术好。

7.4.2　闸门控制方案研究

闸门控制路径模式与工程技术控制路径模式的不同之处在于，其工程难度小，利用信息技术传递对闸门的指令来分流降雨时产生的大量合流污水。根据镇江市老城区的实际情况以及项目规划将闸门控制路径分为两种方式:① 降雨时调蓄污水,排放雨水至受纳水体,降雨结束后将调蓄污水送至污水处理厂,管网恢复正常走向;② 根据合流污水的浓度调蓄初期雨污合流水,降雨结束后排至污水处理厂。情景 8 与情景 9 依上述两种情景设置,由于调蓄水量的方法最终结果可能与降雨强度有较大关系,因此每种情景的模拟增加降雨重现期为 0.25 年的情况作为对比。

在线调蓄是合流污水调蓄中一种重要的方法,现在考虑情景 8 利用在线调蓄设备在降雨产生径流的情况下调蓄生活污水,管网在调蓄期间负责雨水输送,由于没有雨污混合水的产生,调蓄期间产生的雨水直接排入受纳水体,降雨结束后再将调蓄池内的污水输送至污水处理厂进行处理。模拟结果见图 7.10、图 7.11 及表 7.5。

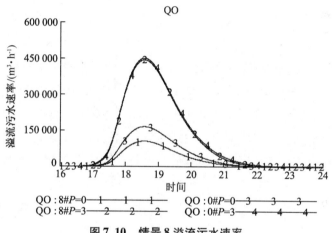

图 7.10　情景 8 溢流污水速率

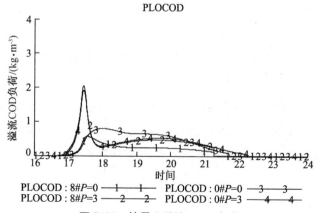

图 7.11　情景 8 溢流 COD 负荷

表7.5　情景8溢流总量

情　　景	溢流污水总量/m³	溢流污水总量削减率/%	溢流COD总量/kg	溢流COD总量削减率/%
0#$P=0$	324 276.9		2.314 268	
8#$P=0$	204 391.8	36.97	1.082 203	53.24
0#$P=3$	909 665.4		2.333 151	
8#$P=3$	877 109.1	3.58	1.991 678	14.64

　　由图7.10可以看出,在相同的降雨条件下,情景8的模拟并未影响溢流污水量的变化,这是缘于降雨径流的速度达到了10^5数量级,而生活污水的速率在10^3数量级,即使截流生活污水也不会对总流量产生影响。而观察图7.11可以发现,在降雨重现期为3年时,情景8的策略基本不能改变溢流COD的负荷,溢流污水总量及溢流COD总量的削减率仅有3.58%和14.64%,但在降雨重现期为0.25年时,情景8的策略明显使溢流COD负荷减小,溢流污水总量及溢流COD总量的削减率分别为36.97%和53.24%,效果都十分明显。这说明在降雨强度比较小时生活污水中所含污染负荷是溢流污染负荷的主要组成部分,而在降雨强度较大时,溢流污水中的污染主要是地表径流和管道冲刷作用引起的。而且在降雨重现期为0.25年时,降雨重现期为3年时出现的小峰值也消失了,说明降雨强度小时地表径流在溢流污染中是作为主要贡献因素的。同时,这两幅图也说明,在降雨强度小的地区采取"截流污水,排放雨水"的调控政策理论效果比较好。

　　情景9是基于"初期冲刷"现象的解决方法,初期冲刷是指在径流初期,污染物的输送速度大于径流量输送速度的现象,这样在初期冲刷现象明显的时候,只处理少量雨水即可控制大量污染物,可提高处理设施的效率。可以利用泵站或管线沿途的调蓄设备在降雨初期截流部分初期雨水,安装智能管控系统。当混合污水污染物浓度超过临界值时,操控阀门对超过临界污染负荷值的污水进行调蓄;当混合污水污染物低于临界值时,停止调蓄;在降雨完成后释放调蓄污水到污水处理厂处理。模拟结果见图7.12、图7.13及表7.6。

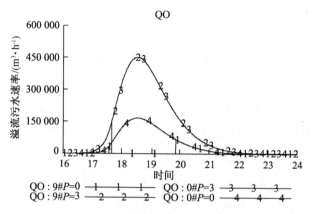

图 7.12　情景 9 溢流污水速率

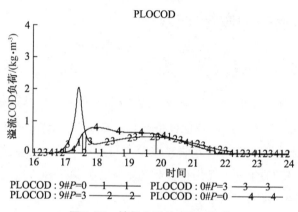

图 7.13　情景 9 溢流 COD 负荷

表 7.6　情景 9 溢流总量

情　景	溢流污水 总量/m³	溢流污水总量 削减率/%	溢流 COD 总量/kg	溢流 COD 总 量削减率/%
0#P = 0	324 276.9		2.333 716	
9#P = 0	50 683.8	84.37	0.749 067	67.90
0#P = 3	909 665.4		2.333 151	
9#P = 3	875 076.9	3.80	1.660 877	28.81

　　由图 7.12 看到,当降雨重现期为 3 年时,截流过程发生在溢流初期,对应看到图 7.13 中,在同一段时间内,溢流的 COD 负荷非常高,这就是初期冲刷现象,管道内呈现水量小、污染物浓度高的现象,虽然后期流量达到峰值,

但是污染物浓度降低,即使排入受纳水体,也不会造成很高的污染浓度。从表7.6可以看出,溢流污水的削减率只有3.8%,而溢流COD的削减率达到了28.81%,所以截流高浓度的初期冲刷合流污水可以实现用最小水量处理最高污染浓度的目的。

当降雨重现期为0.25年时,截流过程发生在溢流污水量的峰值处,而此时溢流COD负荷也在峰值处,可以推断,冲刷效应更易发生于降雨强度大的溢流事件中。从表7.6可以看出,溢流污水的削减率和溢流COD的削减率分别达到了84.37%和67.9%,虽然效果也很好,但是需要调蓄的污水量也比较多,对调蓄空间的要求比较高。

7.5　技术途径和政策建议

7.5.1　工程技术控制路径

基于上述分析可知,每一种减小溢流污染的控制方法其效果不尽相同,但是考虑到经济投入与后期管理也将被核算在成本之内,那些经济投入大、管理复杂但是效果不显著的方法显然就不可取了。依照前面的思路,下面从"源—流—汇"的角度以及信息控制角度来分析每一种方法对镇江市老城区管网改造的影响。

(1) 源头减污

本章7.4节模拟过的"源头减污"工程控制措施包括两种:一种是减小地表径流系数,另外一种是减小地表污染负荷。减小地表径流系数是一项繁复而浩大的工程,对于像镇江市老城区这种以商业及居住为主的城市,要选择以工程方式重新对地面铺装改造可行性不大,且透水路面铺装耗资巨大、后续管理困难,另外,从模拟结果可以看出,此方法只能略微削减峰值处的污水量,对溢流COD负荷的控制效果并不佳,所以不适宜在镇江开展。

减小地表污染负荷的方法虽多种多样,但主要集中在政府决策层面,一方面要加大市政环卫工作量;另一方面要放在宣传教育上,鼓励市民保持地面干净,保护雨水口;还可以增加一些环保雨水口等低投入设备,减小地表径流的污染负荷。

（2）过程控污

模拟中涉及的"过程控污"方法有管道冲刷与地下水渗漏的修复。在模拟结果中看到，管道冲刷的效果非常明显，对溢流 COD 的削减率达到了45%，且管道冲刷设备的技术也已非常成熟，但镇江市老城区地下埋线复杂，因此可以对一些主要的干管增加管道冲刷设备。

同时也看到，地下水渗漏的修复对减小溢流污染无益，但对保护水资源还是有重要意义的，而且增加管道日常维护也能减少管道淤积的产生。

（3）末端治污

从模拟的结果看到，"末端治污"的方法是所有工程技术控制方法中最有效的。对于镇江市而言，改变截流倍数势在必行，镇江市"十一五"排水规划中也对接受老城区污水的征润州污水处理厂的改扩建做了相应的规划并投入改造。但是截流倍数的改造工程浩大、改造时间长、经济投入大，需要长期的规划，而且从模拟结果可以看出，改变截流倍数对溢流污水量及溢流COD 的削减率只有 5.28% 及 13.31%，效果并不很好，不是当前最适于镇江的控制方法。

在泵站或溢流口增加末端处理设备是模拟结果中最行之有效的方法，对溢流 COD 的削减率达到 58.6%，且末端处理设备也多种多样，还有占地面积小的优点，非常适合寸土寸金的城市环境，镇江市老城区河道比较多，沿河道设置的溢流口同样也数量众多，可以采用在溢流口安装旋流分离器、多级吸附净化床、高效磁絮凝装置等，这既节约了空间又完成了对溢流污水的处理。

7.5.2　闸门控制路径

闸门控制路径其实属于"过程控污"的一种方式，是利用污水的调蓄来实现截污治污的过程，按照上面提出的两种概念分为控制生活污水和控制雨污合流水。

（1）错时分流技术

错时分流选择的是控制生活污水，在降雨时调蓄生活污水，降雨过后再送至污水处理厂，这样避免了生活污水直接排入河道。从 7.4 节的模拟分析可以看出，在降雨强度大的情况下错时分流的效果并不明显，但是降雨强度小时这种方法就能取到非常好的效果,溢流污水量及溢流 COD 的削减率分别达到了 36.97% 及 53.24%。镇江市老城区有许多老旧的小区在建筑物下配备化粪池,后来因影响城市规划而将化粪池弃用,可以因地制宜将现有化粪池改造为调蓄池,利用无线传感技术实现错时分流。基于镇江市已有的化粪池结构条件,对工程改造非常有利,镇江市处在长江中下游地区,全年降雨频率都比较大,尤其是梅雨季节,这样的控制方法如果实现,应该能对镇江城市管网高截污率目标的实现做出贡献。

(2) 分质截流技术

分质截流选择的是控制雨污合流水,同样是利用无线传感设备控制闸门,通过管道上游快速检测设备的检测结果,当雨污合流水的污染物浓度超过标准值时开始截流,同样是在降雨结束后送至污水处理厂。从 7.4 节模拟结果可以看到,这种控制方法比较适合产生初期冲刷的情况,在降雨重现期为 3 年时,溢流污水量及溢流 COD 的削减率分别达到了 3.8% 及 28.81%,实现了以"最少水量控制最大污染"的目标。镇江市在夏季容易出现短时强降雨过程,非常适用这种方法。

在实际工程改造过程中应注重总体的集成,无论是工程技术控制还是闸门控制都不能靠单一技术解决所有问题,可以选择多项控制技术相结合的方法,比如将错时分流与分质截流相结合,利用智能控制在小强度降雨情况下实现错时分流,在大强度降雨情况下实现分质截流,两种方法相结合实现耗能最小、截污率最大的目标。

第 8 章

排水系统清洁生产方案与实施

8.1 雨水清洁生产方案

雨水清洁生产可以有狭义和广义之分。狭义的雨水清洁生产主要是指对城市汇水面产生的径流进行收集、储存和净化后利用。广义的雨水清洁生产则是指在城市范围内，有目的地采用各种措施对雨水资源进行保护和利用，主要包括收集、储存和净化后的直接利用；利用各种人工或自然水体、池塘、湿地或低洼地对雨水径流实施调蓄、净化和利用，改善城市水环境和生态环境；通过各种人工或自然渗透设施使雨水渗入地下，补充地下水资源。

城市雨水清洁生产系统是指对城区降雨进行收集、处理、储存、利用的一套系统，主要包括集雨系统、输水系统、处理系统、存储系统、加压系统、利用系统等。

（1）集雨系统

集雨系统主要是指收集雨水的集雨场地。雨水利用首先要有一定面积的集雨面。在城市雨水利用方面，屋顶、路面等不透水面都可以作为集雨面来收集雨水，城市绿地也可以作为雨水集雨面。

（2）输水系统

输水系统主要是指雨水输水管道。在整个城市的雨水利用系统中输水系统还包括城市原有的雨水沟、渠等。收集屋面雨水用雨水斗或天沟集水；路面雨水通过雨水口收集；绿地雨水可通过埋设穿孔管或设置雨水沟的方法收集。收集的雨水流入街坊、厂区或街道的雨水管道系统。

（3）处理系统

处理系统是因雨水水质达不到相应标准而设置的处理装置。天然降水通过对大气的淋洗以及冲洗路面、屋面等而汇集大量污染物，使雨水受到污染。但总体来说，雨水属轻度污染水，经过简单处理即可达到杂用水标准。

（4）存储系统

存储系统以雨水存储池为主要形式，我国降雨时间分布极不平衡，特别是在北方，6—9月汛期多集中全年降雨的70%～80%，且多以暴雨形式出现。若想利用雨水，则必须以一定体积的调节池存储雨水，其体积应根据具体的聚雨量和用水量确定。

（5）加压系统

雨水调节池一般设于地下，这样可以减少占地面积及蒸发量。由于用水器水位高于调节池水位，而且用水器具还要求一定的水头以及补偿中间管道损失，因此需要设加压系统。

（6）利用系统

为实现雨水的高效利用，用水器具应推广采用节水器具。

8.1.1　雨水清洁生产资源化

采取雨水收集利用以及各种滞留、促渗、调控措施，地表径流调控就地消纳雨水，减少外排雨水量，实现雨水资源化。

根据用途不同，雨水利用可分为雨水直接利用（回用）、间接利用（渗透）、综合利用等。

雨水利用的用途应根据区域的具体条件和项目要求而定。一般首先考虑补充地下水、涵养地表水、绿化、冲洗道路和停车场、洗车、景观用水和建筑工地等杂用水，有条件或需要时还可以作为洗衣、冷却循环、冲厕和消防的补充水源，严重缺水时也可作为饮用水水源。

1. 雨水收集

在城市，雨水收集主要包括屋面雨水、广场雨水、绿地雨水和污染较轻的路面雨水等。应根据不同的径流收集面，采取相应的雨水收集和截污调蓄措施。

当项目汇水面较大、雨量充沛时,地面雨水主要应考虑渗透利用,就近通过植被浅沟、渗透渠、生物滞留系统等措施对雨水截污后入渗,同时设溢流口以便雨水较大时排涝。

停车场、广场的地面雨水径流量较大,水质也较差,可考虑采用透水材料铺装路面或广场面以增加雨水入渗量,沿道路铺设渗管或渗渠,地面雨水经雨水口进入渗管、渗渠。

对雨水的收集储存,有多种方式可供选择,见图8.1。

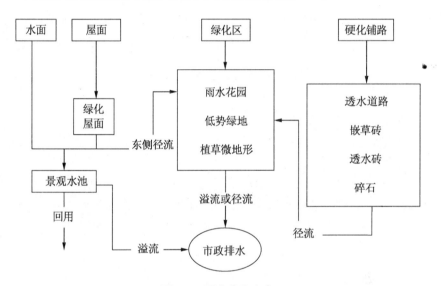

图8.1　雨水收集方案

(1) 屋面雨水收集

屋面雨水收集除了通常的屋顶外,根据建筑物的特点,有时还需要考虑部分垂直面上的雨水。对斜屋顶,汇水面积应按垂直投影面计算。一般利用两种系统收集屋面雨水:

① 直接泵送雨水利用系统

如图8.2所示。

② 间接泵送雨水利用系统

如图8.3所示。

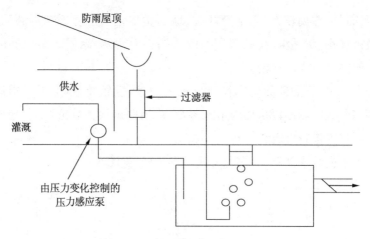

图 8.2　直接泵送雨水利用系统

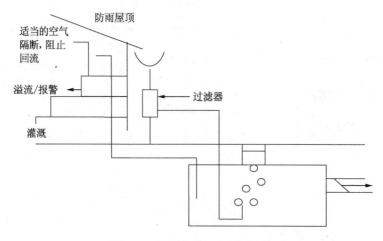

图 8.3　间接泵送雨水利用系统

（2）路面雨水收集

路面雨水收集系统可以采用雨水管、雨水暗渠、雨水明渠等方式。

需要根据区域的各种条件综合分析，确定雨水收集方式。雨水管设计施工经验成熟，但有些条件下会受小区外市政雨水管衔接高程的限制。雨水暗渠或明渠埋深较浅，有利于提高系统的高程、降低造价，便于清理和与外管系的衔接，但有时受地面坡度等条件的制约。

（3）停车场、广场雨水的收集

停车场、广场等汇水面的雨水径流量一般较集中，收集方式与路面类似。但由于人们的集中活动和车辆等原因,如管理不善,这些场地的雨水径流水质会受到明显影响,需采取有效的管理和截污措施。

（4）雨水花园

雨水花园种植土厚度应根据所种植物生长要求确定。为保证积水在 24 h 内完全渗透,种植土宜采用沙壤土,渗透系数不小于 10^{-6} m/s;植物应选择喜水耐淹植物,雨水花园平均下凹深度不大于 90 mm。

2. 雨水调蓄

雨水调蓄是雨水调节和储存的总称。利用管道本身的空隙容量调节流量是有限的,当需要设置雨水泵站时,在泵站前设置调蓄池,可降低装机容量,降低泵站造价。

（1）雨水调蓄池

雨水调蓄池一般设置在雨水干管或有大流量交汇处,或靠近用水量较大的地方,尽量使整个系统布局合理,减少管渠系统的工程量。

① 地上封闭式调蓄池

地上封闭式调蓄池一般用于单体建筑屋面雨水集蓄利用系统中,常用玻璃钢、金属或塑料制作。其优点是安装简便,施工难度小,维护管理方便,缺点是需要占地空间,水质不易保障。

② 地上开敞式调蓄池

地上开敞式调蓄池属于一种地表水体,其调蓄容积一般较大,费用较低,但占地较大,蒸发量也较大。地表水体分为天然水体和人工水体。一般地表敞开式调蓄池体应结合景观设计和小区整体规划以及现场条件进行综合设计。设计时往往要将建筑、园林、水景、雨水的调蓄利用等以独到的审美意识和技艺手法有机结合在一起,达到完美的效果。

（2）雨水管道调蓄

雨水也可以直接利用管道进行调蓄。管道调蓄可以与雨水管道排放结合起来考虑,超过一定水位的水可以通过溢流管排出。溢流口可以设置在调蓄管段上游或下游。由于雨水管系设有溢流口,所以对调蓄管段上游管系不会加大排水风险。

（3）雨水调蓄与消防水池合建

雨水水质等条件满足要求时,雨水调蓄水池可以与消防水池合建,但由于雨水的季节性和随机性,此时必须设计两路水源给消防水池供水。其他用水严禁使用消防储备水。

8.1.2　节能方案

应充分利用水质良好的雨水资源、再生水资源和城市结构以及先进的工艺方法,以实现节能目标。

1. 雨水收集

(1)屋面雨水收集

屋面雨水收集采用重力流雨水利用系统,见图8.4。

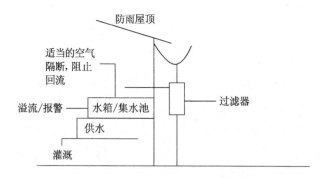

图8.4　重力流雨水利用系统

从水力学的角度可将屋面雨水收集管中的水流状态分为有压流和无压流,有些情况下还可表现为半有压状态。设计时应按雨水管中的水流分类选择相应的雨水斗。重力流雨水斗用于半有压流状态设计的雨水系统和无压流状态设计的雨水系统,虹吸式雨水斗用于有压流状态设计的雨水系统。

(2)路面雨水收集

利用道路两侧的低势绿地或有植被的自然排水浅沟,是一种很有效的路面雨水收集截污系统。雨水浅沟通过一定的坡度和断面自然排水,表层植被能拦截部分颗粒物,小雨或初期雨水会部分自然入渗,往往使收集的径流的宽度和深度受到美观、场地等条件的制约,所负担的排水面积会受到限制,可收集的雨水量也会相应减少。

(3)绿地雨水收集

绿地既是一种汇水面,又是一种雨水的收集和截污措施,能起到预处理的作用,甚至还是一种雨水利用单元。但作为雨水汇集面,其径流系数很小,在水量平衡计算时需要注意,既要考虑绿地的截污和渗透功能,又要考虑通过绿地径流量会明显减少,可能收集不到足够的雨水量。应通过综合分析与设计,最大限度地发挥绿地作用,以达到最佳效果。如果需要收集回用,一般可以采用浅沟、雨水管道方式对绿地径流进行收集。

(4)低势绿地

为促进雨水入渗减少雨水排放,可将区域内的绿地在景观上能够接受的情况下尽可能设计为低势绿地,周边地表径流雨水首先进入绿地入渗,不能及时入渗的雨水由设置的溢流雨水口排放,溢流口与周边铺装区应有50 mm的高度差。

(5)微地形的收集

微地形坡度较大、径流速度快,为减少径流排放,微地形周边应建成低势渗透铺装,溢流口的设置方式可根据景观要求确定。

2. 雨水调蓄

可以在城市雨水系统设计中利用一些天然池塘作为调蓄池,将雨水径流的高峰流量暂存其内,待径流量下降后,从调节池中将水慢慢地排出,这可降低下游雨水干管的尺寸,提高区域防洪能力,减少洪涝灾害。

3. 地下封闭式调蓄池

目前地下调蓄池一般采用钢筋混凝土结构,其优点是:节省占地,便于雨水重力收集;避免阳光直接照射,保持较低的水温和良好的水质,藻类不易生长,防止蚊蝇滋生;这种调蓄池增加了封闭设施,具有防冻、防蒸发功效,可常年留水,也可季节性蓄水,适应性强,可用于地面用地紧张、对水质要求较高的场合。地下封闭式调蓄池施工难度大、费用较高。

8.1.3 污染物排放最小化方案

要设计出污染物排放最小化方案,就必须解决好城市暴雨雨水水质管理模型。

1. 雨量分析

(1)降雨量

降雨量是指降雨的绝对值,即降雨深度,用 H 表示,单位以 mm 计,也可

用单位面积的降雨体积(L/hm^2)表示。在研究降雨量时,很少以一场降雨为对象,而常以单位时间表示,如:

① 年平均降雨量:指多年观测所得各年降雨量的平均值。

② 月平均降雨量:指多年观测所得各月降雨量的平均值。

③ 年最大日降雨量:指多年观测所得一年中降雨量最大一日的绝对值。

(2)降雨历时

降雨历时是指连续时段内的平均降雨时间,可以指全部降雨时间,也可以指其中个别的连续时段,用 t 表示。在城市暴雨强度公式推导中的降雨历时指的是后者,即 5,10,15,20,30,45,60,90,120 min 等 9 个不同的历时,特大暴雨可以达到 180 min。

(3)暴雨强度

暴雨强度是指某一时段内的平均降雨量,用 i 表示,单位常以 mm/min 计,即

$$i = \frac{H}{t} \tag{8.1}$$

暴雨强度是描述暴雨的重要指标,强度越大,雨越猛烈。

在工程上,常用单位时间内单位面积上的降雨体积 q 表示暴雨强度,单位以 $L/(s \cdot hm^2)$ 计,q 与 i 之间的换算关系是将每分钟的降雨深度换算成每公顷面积上每秒钟的降雨体积,即

$$q = \frac{10\ 000 \times 1\ 000i}{1\ 000 \times 60} = 167i \tag{8.2}$$

式中,q——暴雨强度,$L/(s \cdot hm^2)$;

　　　167——换算系数。

实际工程中,暴雨强度公式是通过对各地自记雨量资料进行分析整理,用统计方法推导得出。它是描述暴雨强度、降雨历时、重现期三者间关系的数学表达式。我国常用的暴雨强度公式为

$$q = \frac{167A_1(1 + c\lg P)}{(t + b)^n} \tag{8.3}$$

式中,q——设计暴雨强度,$L/(s \cdot hm^2)$;

　　　P——设计重现期,a;

　　　t——降雨历时,min;

A_1, c, b, n——地方参数,根据统计方法确定。

《给水排水设计手册》第 5 册中,给出了我国部分城市暴雨强度公式,设计时可直接查找使用。对于目前尚无暴雨强度公式的城市,可借用附近(或条件相似)城市的暴雨强度公式。暴雨强度是描述暴雨的重要指标,强度越大,雨越猛烈,同时暴雨强度又是决定雨水设计流量的重要依据,所以设计中要尽可能找到较为准确的暴雨强度公式。

由式(8.3)可以看出,只要确定设计重现期 P 和降雨历时 t,就可求得设计暴雨强度 q 的值。

(4)暴雨强度的频率

某一暴雨强度出现的可能性和水文现象中的其他特征值一样,一般是不可预测的。因此需要通过对以往大量观测资料的统计分析,计算其发生的频率,暴雨强度的频率是指等于或大于该值的暴雨强度出现的次数与观测资料总项数之比。

该定义的基础是假定降雨观测资料年限非常长,可代表降雨的整个历史过程。但实际只能取得一定年限内有限的暴雨强度值。

(5)设计重现期 P 的确定

某特定值暴雨强度的重现期是指等于或大于该值的暴雨强度可能出现一次的平均时间间隔,单位用年(a)表示。

暴雨强度随着重现期的不同而不同。在雨水管道设计时,若选用较高的设计重现期,计算所得的设计暴雨强度大,管渠的断面尺寸相应就大。这样对及时排除当地暴雨径流量是有利的,安全性高,但会增加工程造价,管渠平时也不能充分发挥作用;反之,可以降低工程造价,但可能会发生排水不畅,地面积水,严重时会造成经济损失。因此,确定重现期必须结合我国国情,从技术和经济方面统一考虑。

《室外排水设计规范》(GBJ 14—87)规定:雨水管渠设计重现期,应根据汇水地区性质(广场、干道、厂区、居住区)、地形特点和气象特点等因素确定。在同一排水系统中可采用同一重现期或不同重现期。重现期一般选用 0.5~3 年,重要干道、重要地区或短期积水即能引起较严重后果的地区,一般选用 2~5 年,并应与道路设计相协调。对于特别重要地区和次要地区可酌情增减。

我国地域辽阔,各地气候、地形条件和排水设施差异较大,选用设计重现期时,应根据当地具体条件合理选用。我国部分城市采用的雨水管道的设计重现期参见表 8.1,此表可供设计时参考。

2. 取样方法

雨量分析所用资料是具有自记雨量记录的气象站所积累的资料。雨量资料的选取必须符合有关规范的相关规定。

(1) 取样的有关规定

根据《室外排水设计规范》(GB 50014—2006),主要有以下规定:

① 资料年数应大于 10 年

各地降雨丰水年和枯水年的一个循环平均是 10 年。雨量分析要求自记雨量资料能够反映当地的暴雨强度规律,10 年记录是最低要求,并且必须是连续 10 年。统计资料年限越长,雨量分析越能反映当地的暴雨强度规律。

② 选取站点的条件

记录最长的一个固定观测点,其位置接近城镇地理中心或略偏上游。

③ 选取降雨子样的个数应根据计算重现期确定

最低计算重现期为 0.25 年时,则平均每年每个历时选取 4 个最大值。最低计算重现期为 0.33 年时,则平均每年每个历时选取 3 个最大值。由于任何一场被选取的降雨不一定是 9 个历时的强度值都被选取,因而实际选取的降雨场数总要多于平均每年 3~4 场。

④ 取样方法的有关规定

由于我国目前多数城市的雨量资料年数不长,为了能够选取较多的雨样,又能体现一定的独立性以便于统计,规定采用多个子样法,每年每个历时选取 6~8 个最大值,每场雨取 9 个历时,即 5,10,15,20,30,45,60,90,120 min 等。

(2) 选样方法

自记雨量资料统计降雨的选样方法,在实用水文中常有三种。

① 年最大值法

从每年各历时的暴雨强度资料中选取最大的一组雨量,在 N 年资料中选取 N 组最大值。用这样的选样方法,无论大雨年或小雨年,每年都有一组资料被选入,它意味着一年发生一次的年频率。按极值理论,当资料年份很长时,它近似于全部资料系列,按此选出的资料独立性最强,资料的收集也较其他方法容易,对于推定高重现期的强度优点较多。

② 年超大值法

将全部资料(N年)的降雨分别依不同历时按大小顺序排列选出最大的S组雨量,平均每年可选用多组,但大雨年选入资料较多,小雨年往往没有选入,该选样方法是从大量资料中考虑它的发生次数,其发生的机会是平均期望值。

③ 超定量法

选取观测年限(N)中特定值以上的所有资料,资料个数与记录年数无关,取资料序列前面最大的$(3 \sim 4)N$个观测值,组成超定量法的样本。它适合于年资料不太长的情况,但统计工作量也较大。

根据历年暴雨强度记录,按不同降雨历时,将历年暴雨强度不论年序的大小顺序排列,选择相当于年数$3 \sim 5$倍的最大数值40个以上,作为统计的基础资料,一般要求不同历时,计算重现期为$0.25,0.33,0.5,1,2,3,5,10,15,30$年的暴雨强度,制成暴雨强度$i$、降雨历时$t$和重现期$P$的关系表,见表8.1。

表 8.1　不同降雨历时和重现期时的暴雨强度　　mm/min

P/a ＼ t/min	5	10	15	20	30	45	60	90	120
0.25	1.08	0.94	0.76	0.70	0.60	0.50	0.44	0.33	0.27
0.33	1.24	1.06	0.92	0.84	0.70	0.58	0.51	0.40	0.34
0.50	1.60	1.30	1.13	0.99	0.85	0.68	0.60	0.47	0.40
1	2.00	1.65	1.40	1.27	1.11	0.90	0.78	0.59	0.50
2	2.50	1.95	1.65	1.48	1.26	1.02	0.96	0.70	0.58
3	2.60	2.09	1.83	1.61	1.43	1.11	0.99	0.76	0.72
5	2.92	2.19	1.93	1.65	1.45	1.25	1.18	0.92	0.78
10	3.40	2.66	2.04	1.80	1.64	1.36	1.30	1.07	0.91
15	3.60	2.80	2.18	2.11	1.67	1.38	1.37	1.08	0.97
30	3.82	2.82	2.28	2.18	1.71	1.48	1.38	1.08	0.97

（3）暴雨强度公式

为了方便起见，在实际应用中，常根据暴雨强度 i（或 q）、降雨历时 t 和重现期 P 之间的关系表，推导出三者之间的数学表达式——暴雨强度公式。其中，选用暴雨强度公式的数学形式是一个比较关键的问题。不同地区气候不同，降雨差异很大，降雨分布规律适合于哪一种曲线，需要在大量统计分析的基础上进行总结。许多学者对降雨强度公式做了研究，各国都制定了适合本国国情的降雨强度公式。

美国的降雨强度公式为

$$i = \frac{a}{(t+b)^c} \tag{8.4}$$

苏联的降雨强度公式为

$$i = \frac{a}{t^n} \tag{8.5}$$

日本和英国的降雨强度公式为

$$i = \frac{a}{(t+b)} \tag{8.6}$$

我国的暴雨强度公式较多采用

$$i = \frac{a}{(t+b)^n} \tag{8.7}$$

或
$$i = \frac{A_1(1+c\lg P)}{(t+b)^n} \tag{8.8}$$

式（8.7）和式（8.8）对我国暴雨规律拟合较好，对于历时频率的适合范围也较为广泛。式中参数 a 随重现期增大而增大，参数 b 值在一定范围内变化对公式的精确度影响不大。因此，有些学者推荐使用一种简化的方法，即令 b 固定为一个常数（通常 $b=10$），这样会使公式的三个参数（c,a,b）变为两个（c,a），从而使计算简化。但公式参数的减少会使公式的拟合程度变差，降低公式的拟合精度，所以这种方法适合于手工计算。随着计算机的引入，许多拟合精度更高的计算方法得以实现。

8.1.4 管理方案

目前，世界上很多国家已经认识到雨水的利用价值，他们采用各种技术、设备和措施对雨水进行收集利用、控制和管理。德国、法国、墨西哥、意大利、美国、加拿大、土耳其、印度、以色列、日本、泰国、苏丹、也门、澳大利亚等五大洲 40 多个国家和地区已经不同程度地开展了雨水收集利用与管理的研究。美国佛罗里达州(1974 年)、科罗拉多州(1974 年)、宾夕法尼亚州(1978 年)以及弗吉尼亚州(1999 年)分别制定了雨水管理条例。其他许多国家和地区也出台了相应的技术手册、规范和标准。如美国佐治亚州的《雨水管理手册》、STAFORD 郡的《雨水管理设计手册》、弗吉尼亚州的《弗吉尼亚雨水管理模式条例》、北卡罗来纳州的《雨水设计手册》、Hall 郡与 Gaines-ville 市的《雨水管理手册》(1999 年)等。在德国,雨水利用专业协会(FBR)和污水联合会(ATV)制定了一系列城市雨水利用和管理的技术性标准和规范。与此同时,国外专门生产雨水收集利用设施的厂家和公司越来越多。如德国 GEP 公司的屋顶回水处理设备、雨水回用 IRM 控制设备、雨水储存罐、雨水过滤器等产品畅销整个欧洲市场;德国 UFT 公司的流量控制和监控设备也已经开始在全球销售和使用;荷兰 WAVIN 公司的整体式雨水检查井、雨水口、孔隙雨水蓄水池填充料等雨水利用设备也已经在全世界使用。

在雨水管理中,雨水被认为是需要妥善管理的资源,应进行控制。雨水在源头处不应立即排除,而应在当地储存、处理或回用。为了改善水质,暴雨径流的污染效应也被充分重视,许多方法被重新检验和完善。表 8.2 列举了各种雨水管理技术。

控制技术不仅需要传统的工程措施,也需要好的管理措施。管理措施主要有大范围的规程、活动、禁令等。

表 8.2　雨水管理方法的分类

方法	示例	优点	缺点
就地排除	渗透设施 (例如渗水坑、渗水渠)	① 降低小型降水径流; ② 补充地下水; ③ 减少污染	① 基建费用高; ② 易堵塞; ③ 易发生地下水污染
	地表植被 (例如洼地植草)	① 延缓径流; ② 美化环境; ③ 减少污染; ④ 基建费用低	① 维护费用高; ② 易发生地下水污染

方法	示例	优点	缺点
就地排除	透水路面	① 降低小型降水径流; ② 补充地下水; ③ 减少污染	① 基建和维护费用高; ② 易堵塞; ③ 易发生地下水污染
就地排除	屋顶池塘	① 延缓径流; ② 对建筑物具有降温效应; ③ 可能具有防火作用	① 结构负荷增加; ② 屋顶渗漏概率增加; ③ 易发生地下水污染
雨水口控制	落水管蓄水 (例如集雨桶)	① 延缓径流; ② 具有回用可能; ③ 尺寸较小	能力较低
雨水口控制	铺砌大面积池塘 (例如边沟控制)	① 延缓径流; ② 降低污染	① 下雨时限制其他用途; ② 损坏地表
雨水口控制	地表池塘 (例如水草甸、调蓄池)	① 容量大; ② 降低暴雨的径流; ③ 美化环境; ④ 多目标应用; ⑤ 降低污染	① 较高的基建和维护费用; ② 占用较大的空间; ③ 滋生昆虫; ④ 具有安全隐患
就地存储	地下蓄水池	① 降低雨水径流; ② 降低污染; ③ 无视觉干扰; ④ 基建费用低	维护费用高
就地存储	大尺寸排水管道	① 降低雨水径流; ② 降低污染; ③ 无视觉干扰; ④ 基建费用低	维护费用高

在雨水清洁生产管理框架内的源头控制,能够在水量和水质上取得较大的改善。其中,流量效益包括降低高峰径流量,缓解下游排水问题(如洪水、溢流),补充土壤含湿量和地下水,增加河流基流量,并储存回用雨水。水质效益包括通过降低流量和控制流速,减少对下游管渠的冲刷,降低进入受纳水体的污染负荷,城市的自然植被和野生生物得到保护和增强。

8.1.5　雨水径流截污措施

1. 控制源头污染

源头污染控制是一种低成本、高效率的非点源污染控制策略。对城市雨水利用系统也应首先从源头入手,通过采取一些简单易行的措施,改善收集雨水的水质和提高后续处理系统的效果。源头控制包括以下几个方面。

（1）控制污染材料的使用

屋面材料对雨水水质有明显的影响,城市建筑屋面材料主要有瓦质、沥青油毡、水泥砖和金属材料等,污染性较大的是平顶油毡屋面,应尽量避免使用这种污染性材料直接做屋面表层防水。对新建工程应规定限制这类污染性屋面材料使用。限制及合理使用杀虫剂、融雪剂和化肥、农药等各种污染材料,尽量使用一些无毒、无污染的替代产品。

（2）加强管理和教育

应重视环境管理和宣传教育等非工程性的城市管理措施,包括制定严格的卫生管理条例、奖惩制度,规范的社区管理,专门的宣传教育计划等。这些措施可有效减少乱扔垃圾、施工过程各种材料的堆放、垃圾的堆放收集等环节产生的大量污染,提高雨水利用系统的安全性。

（3）科学清扫汇水面

针对城市广场、运动场、停车场和路面等雨水汇集面,可以通过加强卫生管理,及时清扫等措施有效减少雨水径流污染量。地面积聚的污染物主要来源有:大气污染沉淀物、人们随意丢弃的垃圾和泼洒的污水、汽油的泄漏和洒落、轮胎的磨损、施工垃圾、路面材料的破碎与释放物、落叶、冬季抛洒的融雪剂等。其中大部分可以通过清扫去除。

地面维护工作对减少污染物从街道表面进入雨水径流能起到积极的作用。国外有资料介绍,落叶和碎草的清除可减少 30% ~ 40% 的磷进入水体。美国加利福尼亚州的一个城市经过检测,表明每天一次的路面清扫可以去除雨水中 50% 的固体悬浮物和重金属。

科学的清扫方式对清扫效率也很关键。因为清扫对大的颗粒物有较好的去除效果,而对污染成分含量较多的细小颗粒则效率较低,街道清扫效率取决于路面颗粒的尺寸,总的清扫效率最高可达到 50%。

一般人工清扫常常忽略细小的污染物,所以清洁工作应注意清扫沉积在马路台阶下积聚的细小污染物,实际清扫效率与清扫方法直接相关。

需要特别注意的是,应避免直接把路面的垃圾扫进雨水口,否则污染后果非常严重。这也是目前国内城市比较普遍的现象,应该严加管理,否则,会使大量的垃圾污染物进入雨水收集系统或城市水体,堵塞管道造成积水,并带来灾难性的水污染后果。

2. 源头截污装置

为保证雨水利用系统的安全性和提高整个系统的效率,还应考虑在雨水收集面或收集管路实施简单有效的源头截污措施。

雨水收集面主要包括屋面、广场、运动场、停车场、绿地甚至路面等。应根据不同的径流收集面和污染程度,采取相应的截污措施。

(1) 截污滤网装置

屋面雨水收集系统主要采用屋面雨水斗、排水立管、水平收集管等。沿途可设置一些截污滤网装置拦截树叶、鸟粪等大的污染物,一般滤网孔径为 2~10 mm,用金属网或塑料网制作,可以设计成局部开口的形式以方便清理,格网可以是活动式或固定式。截污装置可以安装在雨水斗、排水立管和排水横管上,应定期对其进行清理。这类装置只能去除一些大颗粒污染物,对细小的或溶解性污染物无能为力,用于水质比较好的屋面径流或作为一种预处理措施。

(2) 花坛渗滤净化装置

可以利用建筑物四周的一些花坛来接纳、净化屋面雨水,也可以专门设计花坛渗滤装置,这样既美化了环境,又净化了雨水。

屋面雨水经初期弃流装置后再进入花坛,能达到较好的净化效果。在满足植物正常生长要求的前提下,尽可能选用渗滤速率和吸附净化污染物能力较大的土壤填料。要注意净出口设计,避免冲蚀及短流。一般 0.5 m 厚的渗透层就能显著地降低雨水中的污染物含量,使出水达到较好的水质。

(3) 初期雨水弃流装置

初期雨水弃流装置是一种非常有效的水质控制技术,合理设计可控制径流中大部分污染物,包括细小的或溶解性污染物。弃流装置有多种设计形式,可以根据流量或初期雨水排水量来设计控制装置。国内外研究都表明,屋面雨水一般可按 2 mm 控制初期弃流量,对有污染性的屋面材料(如油毡类屋面),可适当加大弃流量。国外已有一些定型的截污装置和初期雨水弃流装置。

① 弃流池

在雨水管或汇集口处按照所需弃流雨水量设计弃流池,一般用砖砌、混凝土现浇或预制。弃流池可以设计为在线或旁通方式,弃流池中的初期雨水可就近排入市政污水管网,小规模弃流池在水质条件和地质、环境条件允许时也可就近排入绿地消纳净化。在弃流池内可以设浮球阀,随水位的升高,浮球阀逐渐关闭,当设计弃流雨量充满池后,浮球阀自动关闭。弃流后的雨水将沿旁通管流入雨水调蓄池,再进行后期处理利用。降雨结束后打开放空管上的阀门排入附近污水井。

② 切换式或小管弃流井

在雨水检查井中同时埋设连接下游雨水井和下游污水井的两根连通管,在两个连通管入口处通过管径和水位来自动控制雨水流向,也可设置简易手动闸阀或自动闸阀进行切换。可以根据流量或水质来设计切换方式,人工或自动调节弃流量。这种装置可减少弃流池体积,问题是对随机降雨难以准确控制初期弃流量。当弃流管与污水管直接连接时,应有措施防止污水管中污水倒流入雨水管线,可采用加大两根连通管的高差或逆止阀等方式。

③ 雨落管弃流装置

屋面上安装在雨落管上的弃流装置,是利用小雨通常沿管壁下流的特点进行弃流。但弃流雨水量和效果难以保证,尤其遇到大雨时,会使较多的污染物直接进入调蓄池。对目前流行的屋面雨水有压流雨水管也不宜采用这种方法。

(4)路面雨水截污措施

由于地面污染物的影响,路面径流水质一般明显比屋面差,必须采用截污措施或初期雨水弃流装置,一些污染严重的道路则不宜作为收集面来利用。在路面的雨水口处可以设置截污挂篮,也可以在管渠的适当位置设其他截污装置。路面雨水也可以采用类似屋面雨水的弃流装置。国外有把雨水检查井设计成沉淀井的实例,主要去除一些大的污染物。井的下半部为沉渣区,需要定期清理。

① 截污挂篮

截污挂篮的大小根据雨水口的尺寸确定,其长宽一般较雨水口略小 20 ~ 100 mm，方便取出清洗格网和更换滤布；其深度应保持挂篮底位于雨水口连接管的管顶以上，一般为 300 ~ 600 mm。

② 雨水沉淀井与浮渣隔离井

在雨水管系的适当位置可以修建雨水沉淀井或浮渣隔离井，其主要功能是将雨水中携带的可沉物和漂浮物进行分离，也可与雨水收集利用的取水口或集水池合建，井下半部分沉渣区需要定期清理。

③ 植被浅沟

植被浅沟或者植被渠、植被缓冲带是利用地表植物和土壤来截流净化雨水径流污染物的一种工程性措施，一般靠重力流收集雨水并通过植被截流和土壤过滤处理雨水径流。

根据雨水的不同用途和水质标准，城市雨水一般需要通过处理后才能满足使用要求。常规的各种水处理技术及原理都可用于雨水处理。同时要注意城市雨水的水质特性和雨水利用系统的特点，根据其特殊性来选择、设计雨水处理工艺。

雨水处理可以分常规处理和非常规处理。常规处理指经济适用、应用广泛的处理工艺，主要有沉淀、过滤、消毒和一些自然净化技术等；非常规处理则是指一些效果好，但费用较高或适用于特殊条件下的工艺，如活性炭技术、膜技术等。

8.2　污水清洁生产方案

由于污水中含有大量潜在的致病微生物，以及含有大量耗氧有机物和其他污染物，因此，安全有效地排放污水对于保持公共卫生和保护受纳水体环境非常重要。

8.2.1　节能方案

（1）污水管道系统的布置

凡是采用完善卫生设备的建筑区都应设置污水管道。在排水区界内，一般根据地形划分为若干个排水流域。在地势起伏及丘陵地区，一般按分水线划分排水流域，每个排水流域就是由分水线所围成的区域。在地势平坦无显著分水线的地区,一般按面积大小划分排水流域,使各相邻流域的管道系统能合理地分担排水面积,使干管在最大合理埋深情况下,尽量使绝大部分污水能实现自流排水。在排水流域内布置管道系统时,一般每个排水流域往往有一条或几条干管,应根据流域地势标明水流方向和污水需要抽升的地区。

　　某市排水流域的划分见图 8.5。该市被河流分隔成 4 个区域,根据自然地形,可划分为 4 个排水流域。Ⅰ、Ⅲ两个排水流域形成河北排水区,Ⅱ、Ⅵ两个排水流域形成河南排水区,南北两个排水区的污水均进入各区的污水处理厂,经处理后排入河流。在每个排水流域内,都布置一条或一条以上的干管,它们将本流域的污水输送到相应区的污水处理厂内。

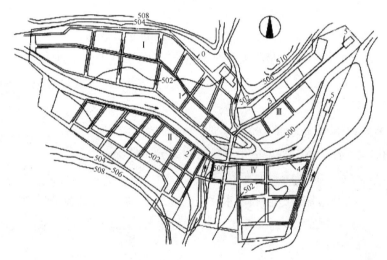

0—排水区界;Ⅰ,Ⅱ,Ⅲ,Ⅳ—排水流域编号;1,2,3,4—各排水流域干管;5—污水处理厂

图 8.5　某市污水排水系统平面图

　　污水管道系统布置的主要工作就是进行管道的定线。在地形图上确定污水管道的位置和走向,称为污水管道系统的定线,一般按主干管、干管、支管的顺序进行。其方法是,先确定污水厂或出水口的位置,然后依次确定主干管、干管和支管的位置。定线应遵循的原则是,尽可能在管线较短和埋深较小的情况下,让最大区域的污水能自流排出。

　　(2) 影响污水管道系统平面布置的主要因素

　　① 城市地形和水文地质条件

　　要根据不同的地形和水文地质来选用不同的管道布局。

② 城市的远景规划、竖向规划和修建顺序

城市规划必须要考虑当前城市的规划,对于已经成熟的管道系统来说不宜进行大的改变,只需要对老旧设施进行更换和修补。对于需要进行管道系统改动的城市来说,应该有一个十分长远的规划,尤其是在提倡低碳经济的时代。

③ 排水体制、污水厂及出水口位置

对于大部分城市来说,排水体制已经建立,不宜轻易改动,但可以略作修改。污水厂应该充分考虑环境因素,不应建在离城市太近的地方,还要考虑风向季节的变化。出水口不应太低,要考虑水质水位带来的变化影响和管道施工带来的不利因素。

④ 排水量大的工业企业和大型公共建筑的分布情况

排水量大的工业企业和大型公共建筑不应该过于紧凑地分布在一起,否则会使管道系统的压力增大,再加上天气等因素,很可能会对城市居民带来十分不利的影响。

⑤ 道路宽度和交通情况

⑥ 地下各种管线和地面上下障碍物的分布情况

(3) 污水管道系统平面布置的方法

① 根据城市地形特点和污水厂或出水口的位置,利用地形先布置主干管。主干管一般布置在排水流域内较低的地带,沿集水线或河岸低处敷设,以便干管的污水能自流接入。

② 干管一般沿城市道路布置,通常设在污水量较大、地下管线较少一侧的人行道、绿化带或慢车道下。对于有条件的城市来讲,应该充分考虑重力流,尽量减少不必要的动力设施。当道路宽度大于 40 m 时,可在街道两侧布置污水干管,这样可减少过路管道,便于施工和养护管理。

③ 支管的布置取决于地形和街坊建筑特征,并应便于用户接管排水。街坊面积不太大、街坊污水管网采用集中出水方式时,支管宜敷设在街坊较低侧的街道下。

④ 污水管道应避免穿越河道、铁路、地下建筑物或其他障碍物,尽量减少与其他地下管线的交叉。

⑤ 污水管道应尽可能顺坡排水,使管道的敷设坡度与地面坡度一致,以

减小管道埋深。为节省工程造价和经营管理费用,尽可能不设或少设中途泵站。

⑥ 管线布置要简捷,尽量减少大管径管道的长度。避免在平坦地段布置流量小而长度大的管道,以减小管道埋深。

（4）污水管道系统的平面布置形式

污水干管的平面布置形式按干管与地形等高线的关系分为平行式和正交式两种。平行式布置的特点是污水干管与等高线基本平行,而主干管则与等高线基本垂直,见图8.6。它适用于地形坡度较大的城市,这样可减少管道埋深,改善管道的水力条件,避免采用过多的跌水井。正交式布置的特点是污水干管与等高线基本垂直,而主干管则布置在城市较低的一边与等高线基本平行,见图8.7。它适用于地形比较平坦,略向一边倾斜的城市。所以这类城市可以充分利用正交式平面布置方法来减少不必要的动力输出。

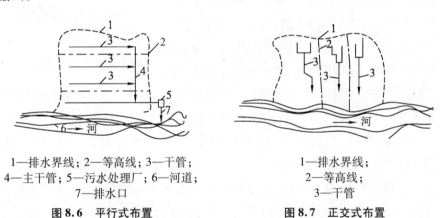

1—排水界线;2—等高线;3—干管;
4—主干管;5—污水处理厂;6—河道;
7—排水口

图8.6　平行式布置

1—排水界线;
2—等高线;
3—干管

图8.7　正交式布置

污水支管的布置形式分为低边式、围坊式和穿坊式三种。

低边式布置是将支管布置在街坊地形较低的一边,见图8.8。其特点是管线较短,在污水管道规划或初步设计时采用较多。

围坊式布置是将支管布置在街坊四周,见图8.9。其特点是用户接管方便,适用于地势平坦的大型街坊。

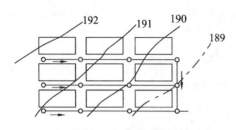

图 8.8　低边式布置

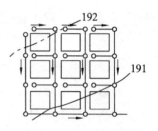

图 8.9　围坊式布置

穿坊式布置是将支管穿过街坊,而街坊四周不设污水支管,见图 8.10。其特点是管线较短,工程造价低,适用于已按规划设计好的居住小区式街坊。

（5）控制点的确定和泵站的设置地点

在污水排水区界内,对管道系统的埋深起控制作用的地点称为控制点。各条管道的起点都可能成为管道系统的控制点。这些点中离污水厂（或出水口）最远最低的一点,通常是整个管道系统的控制点,它的管道埋深决定

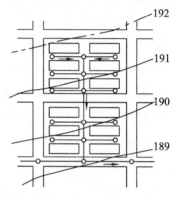

图 8.10　穿坊式布置

了整个管道系统的埋深。有些情况下,具有相当深度的工厂排出口也可能成为管道系统的控制点。控制点的埋深影响整个污水管道系统的埋深。

确定控制点的埋深应考虑两方面因素:一方面,应根据城镇的竖向规划,保证排水区界内各点的污水都能够自主排出,并考虑未来发展,在埋深上适当留有余地;另一方面,不能因照顾个别控制点而增加整个管道系统的埋深。对此通常采取加强管材强度、填土提高地面高程以保证最小覆土厚度、设置泵站提高管位等方法,以减小控制点管道的埋深,从而减小整个管道系统的埋深,降低工程造价。

（6）污水管道在道路上的平面位置

污水管道主要是重力流管道,埋设深度较大,且有很多连接支管,若管线位置不当,则会造成施工和维护困难。此外,城市道路下还有给水管、煤气管、热力管、雨水管、电力电缆、电讯电缆等管线和地铁、地下人行横道、工业用隧道等地下设施,所以确定污水管道位置时,必须在各单项管线工程规划的基础上综合考虑,统筹安排,以利于施工和维护管理。

总体来说,一般城市很难完全做到节能型污水清洁生产方案,因为需要考虑的内容较多,尤其是在成本和运行状况方面将面临巨大的考验,所以节能方案可以穿插在其他可行性方案中。

8.2.2 低碳方案

对于低碳型污水清洁生产方案来说,其污水设计流量、水力计算、管道系统布置等因素并没有多少特殊之处,特殊之处在于在设计之初就应以保护环境为根本,并在施工过程中也充分考虑环境因素。除了考虑以重力自流为主的管道平面布置之外,还要重点考虑污水管道的衔接问题。

在污水管道系统中,为了满足衔接与养护管理要求,通常在管径、坡度、高程、方向发生变化及支管接入的地方设置检查井。在检查井中必须考虑上下游管道衔接时的高程关系。管道衔接应遵循以下两个原则:

① 尽可能提高下游管段的高程,以减小管道的埋深,降低工程造价;

② 避免上游管段中形成回水而造成淤积。管道衔接的方法通常有水面平接和管顶平接两种,见图 8.11。

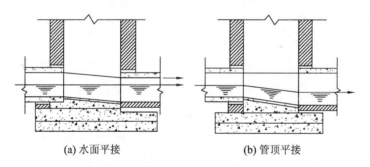

(a) 水面平接　　　　　　　　　　(b) 管顶平接

图 8.11　污水管道的衔接

水面平接是指在水力计算中,使上游管段终端和下游管段起端在设计充满度条件下的水面相平,即上游管段终端与下游管段起端的水面标高相同。水面平接一般用于上下游管径相同的污水管道衔接。由于上游管段中的水面变化较大,水面平接时在上游管段内的实际水面标高可能低于下游管段的实际水面标高,因此在上游管段中易形成回水。

管顶平接是指在水力计算中,使上游管段终端和下游管段起端的管顶标高相同。管顶平接一般用于上下游管径不同的管道衔接。采用管顶平接可以避免在上游管段中产生回水,但下游管段的埋深将增加。这对于城市平坦地区或埋设较深的管道有时是不适宜的。

无论采用哪种衔接方法,下游管段起端的水面和管内底标高都不得高于上游管段终端的水面和管内底标高。

对于旁侧支管与干管交汇处,如果支管的管底标高比干管的管底标高大很多,需在支管上设跌水井,以保证干管有良好的水力条件。

8.2.3　分质处理处置方案

分质处理处置就是根据污水不同类型进行分类处理,通过不同的管路系统流向不同的地点进行处理处置。这种方法增加了施工成本,但对于一些工业城市或者一些工业园区、污染较重的城市地区实施分质处理方案显得十分重要。

排水管路系统中的污水主要是城市生活污水、工业废水、雨水等。

1. 城市生活污水排水系统的主要组成

城市污水包括生活污水和工业废水。城市生活污水排水系统由室内污水管道系统和设备、室外污水管道系统、污水泵站及压力管道、污水厂、出水口及事故排出口五部分组成。

（1）室内污水管道系统和设备

室内污水管道系统和设备收集生活污水并将其排至室外庭院或街坊污水管道。在住宅及公共建筑内,各种卫生设备既是用水器具,也是承受污水的容器,还是生活污水排水系统的起端设备。生活污水从这里经水封管、横支管、立管和出户管等室内管道系统流入室外庭院或街坊管道系统。在每一出户管与室外庭院或街坊管道相接的连接点处设置检查井,供检查和清通管道时使用。

（2）室外污水管道系统

埋设在地面下依靠重力输送污水至泵站、污水厂或水体的管道系统称为室外污水管道系统。它又分为庭院或街坊管道系统和街道污水管道系统。

① 庭院或街坊管道系统

敷设在一个庭院地面以下,连接各房屋出户管的管道系统称为庭院管道系统。敷设在一个街坊地面以下,并连接一群房屋出户管或整个街坊内房屋出户管的管道系统称为街坊管道系统,见图8.12。如果管道敷设在居住小区内,则称为居住小区管道系统。

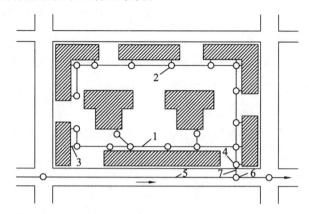

1—街坊管道;2,4,6—检查井;3—房屋出户管;5—街道管道;7—连接支管

图8.12　庭院或街坊管道系统

生活污水经室内管道系统流入庭院或街坊管道系统,然后流入街道管道系统。为控制庭院或街坊污水管道并使其良好工作,在该系统的终点设置检查井,称为控制井。控制井通常设在庭院内或房屋建筑界线内便于检查的地点。

② 街道污水管道系统

敷设在街道下面用以排除庭院或街坊管道流入的污水管道系统称为街道污水管道系统,由支管、干管和主干管等组成,见图8.13。

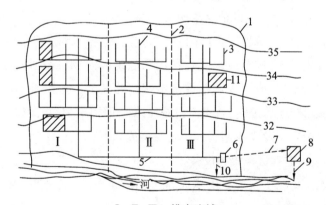

Ⅰ,Ⅱ,Ⅲ—排水流域

1—城市边界;2—排水流域分界线;3—支管;4—干管;5—主干管;6—总泵站;

7—压力管道;8—城市污水厂;9—出水口;10—事故排出口;11—工厂

图8.13　城市污水排水系统总平面示意图

支管承接由庭院或街坊污水管道流入的污水。在排水区界内,常按分水线划分成几个排水流域。各排水流域内,干管汇集输送由支管流入的污水,也常称为流域干管。主干管汇集输送由两个或两个以上干管流入的污水,市郊干管把污水从主干管输送至总泵站、污水厂、出水口等。管道系统上还包括检查井、跌水井、倒虹管等附属构筑物。

(3)污水泵站及压力管道

污水一般以重力流排除,但当受到地形等条件限制、重力流有困难时,就需要设置泵站。泵站分为局部泵站、中途泵站和总泵站等。压送泵站出来的污水至高地自流管道或污水厂的承压管段,称为压力管道。

(4)污水厂

处理和利用污水、污泥的一系列构筑物及附属构筑物的综合体称为污水处理厂,简称污水厂。工厂中则称之为废水处理站。城市污水厂通常设置在河流下游地段,并与居民点或公共建筑保持一定的卫生防护距离。

(5)出水口及事故排出口

污水排入受纳水体的渠道和出口称为出水口,它是整个城市污水排水系统的终点设备。事故排出口是指在污水排水系统的中途,在某些易于发生故障的组成部分前面所设置的辅助性出水渠。一旦发生故障,污水就通过事故排出口直接排入水体,见图8.13。

2. 工业废水排水系统的主要组成

在工业企业中,用管道将厂内各车间及其他排水对象所排出的不同性质的废水收集起来,送至废水回收利用和处理构筑物。经回收处理后的水可利用或排入水体,或排入城市排水系统。若某些工业废水不经处理容许直接排入城市排水管道时,就不需设置废水处理构筑物,直接排入厂外的城市污水管道中。工业废水排水系统主要组成如下:

① 车间内部管道系统和设备

该系统主要用于收集各生产设备排出的工业废水,并将其排送至车间外部的厂区管道系统。

② 厂区管道系统

该系统敷设在工厂内,用以收集并输送各车间排出的工业废水的管道系统,可根据具体情况设置若干个独立的管道系统。

③ 污水泵站及压力管道

④ 废水处理站

该系统是回收和处理废水与污泥的场所。在管道系统上同样也设置检查井等附属构筑物。在接入城市排水管道前宜设检测设施。

8.2.4　管理方案

排水管渠在使用过程中常出现污物淤塞管道,过重的外荷载、地基不均匀沉陷或污水浸蚀作用,使管渠损坏、裂缝或腐蚀等,从而影响排水管渠的通水能力和正常使用。因此,排水管道系统建成通水后,为保证其正常工作,必须经常进行养护和管理,主要任务包括:

① 验收排水管渠;

② 监督排水管渠使用规则的执行情况;

③ 经常检查、冲洗或清通排水管渠,以维持其通水能力;

④ 修理管渠及其附属构筑物,并处理意外事故等。

排水管渠的养护和管理是一项经常性、持久性的工作,一般由各城市建设部门设立专门机构(如维护管理处)领导,按行政区划设维护管理所,下设若干维护工程队(班、组),分片负责,各司其职。整个城市排水管道系统的养护管理可分为管道系统(住宅小区及工业企业内部的排水系统除外)、排水泵站和污水处理厂三部分。住宅小区及工业企业内部的排水系统应由其自行负责养护和管理。实际工作中,管道系统的养护管理具有服务性强、涉及面广、点多、线长、场地分散、清通操作"穿大街走小巷"等特点。因此,管道系统的养护管理应实行"分片定线"的岗位责任制,建立健全必要的规章制度和管理办法,以充分发挥养护管理人员的主观能动性和工作积极性。同时,根据管渠中污物沉积的可能性大小等情况,划分成若干养护等级,以便对易于淤塞的管段予以重点养护,加强管理。实践证明,这样可以大大提高养护工作效率,是保证排水管道系统正常工作行之有效的办法。

1. 排水管渠的清通

清通是排水管渠养护管理中大量的经常性的工作。排水管渠虽然按不淤流速进行设计,但在实际使用过程中往往由于水量不足、水量不均匀、污水中可沉物较多、使用不规范、坡度较小或施工质量不良等原因,造成一些污物在管渠底部沉积,从而增大了管壁的粗糙系数。于是,就会有越来越多的污物沉积,日积月累,逐渐压实,形成淤泥。淤泥的形成将减小管渠的通水能力,甚至堵塞管渠。因此,必须定期清通排水管渠。清通方法主要有水力清通和机械清通两种。

（1）水力清通

水力清通是用水对排水管渠进行冲洗的一种清淤方法,适用于管渠内淤泥量少、不密实、淤塞不严重的情况。水力清通的形式取决于管道布局、排水状况、水源状况和附近的自然地理条件,一般情况下可分为污水自冲、调水冲洗、冲洗井冲洗、利用泵站开停泵冲洗和水力冲洗车冲洗五种形式。

（2）机械清通

当管渠淤塞严重,淤泥已黏结密实,水力清通不能奏效时,需采用机械清通的方法。图 8.14 为机械清通操作示意图。首先用竹片穿过需要清通的管渠段,竹片一端系上钢丝绳,绳上系住清通工具的一端。在清通管渠段两端检查井上各设一架绞车,当竹片穿过管渠段后将钢丝绳系在一架绞车上,清通工具的另一端通过钢丝绳系在另一架绞车上。然后利用绞车往复绞动钢丝绳,带动清通工具将淤泥刮至下游检查井内,使管渠得以清通。绞车的动力可以是手动,也可以是机动,例如以汽车引擎为动力。

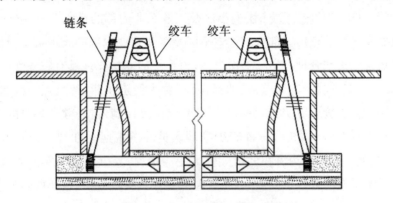

图 8.14　机械清通操作示意图

机械清通的工具种类繁多,按其作用分有:耙松淤泥的骨骼形松土器(见图 8.15);清除树根及破布等沉淀物的弹簧刀和锚式清通器;用于刮泥的清

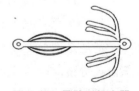

图 8.15　骨骼形松土器

通工具,如胶皮刷、铁畚箕、钢丝刷、铁牛等(见图 8.16)。清通工具的大小应与管道的管径相适应,当淤泥数量较多时,可先用小号清通工具,待淤泥清除到一定程度后再用与管径相适应的清通工具。清通大管道时,由于检查井井口尺寸的限制,清通工具可分成数块,在检查井内拼合后使用。

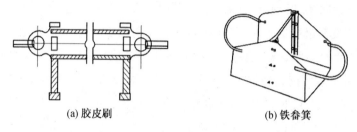

(a) 胶皮刷　　　　　　　　　　　(b) 铁畚箕

图 8.16　胶皮刷及铁畚箕

近年来,国外开始采用气动式通沟机与钻杆通沟机清通管渠。气动式通沟机是通过压缩空气把清泥器从一个检查井送到另一个检查井,然后用绞车通过该机尾部的钢丝绳向后拉,清泥器的翼片即行张开,将管内淤泥刮到检查井底部。钻杆通沟机是通过汽油机或汽车引擎带动一机头旋转,把带有钻头的钻杆通过机头中心由检查井通入管道内,机头带动钻杆转动,使钻头向前钻进,同时将管内的淤积物清扫到另一个检查井中。

淤泥被刮到下游检查井后,通常用吸泥车吸出。如果淤泥含水率低,可采用抓泥车挖出,然后由汽车运走。

在进行排水管渠养护工作时必须注意安全。因为管渠中的污水通常能析出硫化氢、甲烷、二氧化碳等气体,某些生产污水能析出石油、汽油或苯等气体。这些气体与空气中的氧混合能形成爆炸性气体。煤气管道失修、渗漏也能导致煤气逸入管渠中造成危险。因此,在排水管渠的养护工作中应做到:

① 开启检查井井盖要用专用工具,不准用手直接开启。开井盖时严禁吸烟,不能临近明火,预防管内气体燃烧。打开井盖后,井盖必须顺着街道摆放,防止影响交通,安放路挡后,操作人员才可离开工作岗位。

② 如需下井操作,操作人员必须配备必要的劳保用具,此外还应将安全灯放入井内,以检查井内毒气情况,如遇有害气体,灯将熄灭;如遇爆炸性气体,灯在熄灭前会发出闪光。在发现管渠中存在有害(或爆炸性)气体时,应采取有效措施进行排除。如将相邻两检查井的井盖打开一段时间,或用抽

风机吸出有害气体,然后再用安全灯复查,确认无毒害气体后,操作人员才可下井。操作人员在井下操作时,不得携带有明火的灯,不得点火吸烟,必要时可戴上附有气带的防毒面具,穿上系有绳子的防护腰带。井下操作时,只限在井内操作,严禁进入管道。井上必须有人值班监护,并经常与井下操作人员通话联系,发现异常情况后应及时采取援助措施。井下操作人员作业时间一般不超过半小时,要定时换班或上井休息一会儿再下去。井下操作人员要年轻力壮,身上有擦伤、体弱多病、年老、饮酒人员不能下井作业。

③ 井上提泥时,各种提泥设备要安放牢固,并有专人负责,严禁小孩或行人在附近玩耍或观看,严防出现碰伤或其他事故。

2. 排水管渠的修理

系统检查管渠淤塞及损坏情况,有计划地安排管渠修理,是养护工作的重要内容之一。当发现管道系统有损坏时,应及时修理,以防损坏处扩大造成事故。修理内容包括:检查井、雨水口顶盖的修理与更换;检查井内踏步的更换,砖块脱落后的修理;局部管渠段损坏后的修补;由于出户管的增加需要添建的检查井及管渠;由于管渠本身损坏严重、淤塞严重导致无法清通的整个管段的开挖翻修。

当进行检查井的改建、添建或整段管渠翻修时,常常需要断绝污水的流通。此时应采取措施,将上游污水引向别处,例如安装临时泵站将污水由上游检查井抽送到下游检查井,或者临时将污水引入雨水管道中。修理项目应尽可能在短时间内完成,如能在夜间进行施工更好。维修时间较长时,应与有关交通部门取得联系,设置路挡,夜间应挂红灯。

8.3 合流制污水清洁生产方案

我国新建城区都采用雨污分流制,但许多老城区仍是雨污合流制排水系统。合流制部分雨、污混合水未经处理溢流进入河流,会造成水体严重污染。所以迫切需要对一些城市和地区进行合流制污水清洁生产改造,使其达到环保要求。

（1）合流制管道系统的使用条件

合流制管道系统是在同一管渠内排除生活污水、工业废水和雨水的管道系统。

在合流制管道系统中,管线单一,管渠总长度比分流制短,但合流制的截流干管、提升泵站和污水厂都比分流制大,截流干管的埋深也比单设的雨水管道埋深大。在雨天,有一部分生活污水、工业废水和雨水的混合污水溢流进入水体,使水体受到一定程度的污染。晴天时,旱流流量很小,流速很低,往往会在管底造成淤积,降雨时雨水将沉积在管底的大量污物冲刷起来带入水体,使受纳水体遭受污染。一般来说,在下述情形下可考虑采用合流制:

① 排水区域内有一处或多处水源充沛的水体,其流量和流速都足够大,一定量的混合污水排入后对水体造成的污染危害程度在允许范围内。

② 街坊和街道建设比较完善,必须采用暗管(渠)排除雨水,而街道横断面又较窄,管渠的设置位置受到限制时,可考虑选用合流制。

③ 地面有一定的坡度倾向水体,当水体为高水位时,岸边不受淹没,污水在中途不需要泵汲。

在上述条件中,第一条是非常重要的。因此,在采用合流制管道系统时,首先应满足环境保护的要求,即保证水体所受的污染程度在允许范围内,只有在这种情况下才可根据当地城市建设及地形条件合理选用合流制管道系统。

(2) 截流式合流制管道系统布置特点

① 管渠的布置应使所有服务面积上的生活污水、工业废水和雨水都能合理地排入管渠,并尽可能以最短距离坡向水体。

② 沿水体岸边布置与水体平行的截流干管,在截流干管与合流干管交汇处的适当位置处设置溢流井,使超过截流干管输水能力(设计输水能力)的那部分混合污水能顺利地通过溢流井就近排入水体。

③ 必须合理确定溢流井的数量和位置,以便尽可能减少对水体的污染,减小截流干管的尺寸和缩短排放渠道的长度。从对水体的污染情况看,合流制管道系统中初期雨水虽被截流处理,但溢流的混合污水总比一般雨水含污染物多,为改善水体卫生,保护环境,溢流井的数目宜少,其位置应尽可能设置在水体的下游。从经济上讲,为了缩小截流干管的尺寸,溢流井的数目宜多,这样可使混合污水尽早溢入水体,降低截流干管下游的设计流量。

但是,溢流井数目过多会增加溢流井和排放渠道的造价,特别是在溢流井离水体较远、施工条件困难时更甚。当溢流井的溢流堰口标高低于水体的最高水位时,需在排放渠道上设置防潮门、闸门或排涝泵站,为降低这部分造价和便于管理,溢流井应适当集中,数量不宜过多。

④ 在合流制管道系统的上游排水区域内,如果雨水可沿地面街道边沟排泄,则该区域可只设污水管道。只有当雨水不能沿地面排泄时,才考虑布置合流管渠。

目前,我国许多城市的旧城区多采用合流制,而在新建城区和工业区则一般多采用分流制,特别是当生产污水中含有毒物质,其浓度又超过允许卫生标准时,则必须采用分流制,或者必须预先对这种污水单独进行处理达到符合要求后,再排入合流制管道系统。

在实践中,合流制管道系统有两种类型:a. 全部污水不经处理直接排入水体;b. 具有截流管道,在截流管道上设溢流井,当超过截流能力时,超过的水量通过溢流井泄入水体,被截流的雨污混合水进污水厂处理。

第一种合流管道,根据环境保护有关规定已不容许采用。第二种截流式合流管道系统尚在应用,并且它往往是在第一种合流管道的基础上发展而成的。由于城市发展通常是逐步形成的,最初城市人口与工业规模不大,合流管道收集着各种雨、污、废水,直接就近排入水体,这时污染负荷不大,水体还能承受。随着城市发展,人口集中增加,工业生产扩大,污染负荷增加超过了水体自净能力,这时水体出现不洁,人们开始认识到应对污水进行适当处理,于是修建截流管道,把晴天时的污水全部截流,送入污水厂处理;暴雨时因雨水流量很大,一般只能截流部分雨、污混合水送入污水厂处理,超量混合污水由溢流井溢入水体。截流式合流管道是在直接排放式合流管道的基础上发展而来的,因为它与城市逐步发展的规律相一致,故而它是迄今为止国内外现有排水体制中使用最多的。

截流式合流管道与分流制系统相比,在管渠造价上投资较省,管道养护也较简单,可减少地下管线,也不存在雨水管与污水管的误接问题,但合流制污水处理厂的造价比分流制高,处理厂养护也较复杂。

在环境保护方面,截流式合流管道可截流小部分初期雨水径流,但周期性地把生活污水、工业废水泄入城区内的水体,会造成环境污染。特别是因晴天时合流管道内充满度低,水力条件差,管内易产生淤积;在雨天时,管内的淤积将被雨水冲入水体,给环境带来严重污染。实践经验表明:截流式合流制在卫生方面比分流制差,环境污染后遗症较大,对于适合社会发展,控制水体污染方面不如分流制有利,故近年来国内外对于新建城镇一般建议尽可能采用分流制。

排水体制的选择,应根据城镇的总体规划、环境保护要求、水环境容量、水体综合利用情况、地形条件以及城镇发展远景等因素综合考虑确定。

截流式合流管系的布置原则,应使雨水及早溢入水体,以降低下游干管的设计流量,当溢流井距离排放水体较近且溢流井不受高水位倒灌影响时,为降低截流管道的截流量,节省管道投资,原则上宜多设溢流井。当溢流井受高水位倒灌影响时,宜减少溢流井数量,并在溢流管道上设潮门或橡胶鸭嘴阀,必要时设泵站排水。

溢流井的位置,通常在干管与截流管道的交汇处。溢流井的设置应征询环境保护部门与航道部门的意见。

8.3.1　资源化方案

对于合流制污水清洁生产来说,解决污水中初期雨水对河流的污染是关键。

1. 初期雨水的特征

初期雨水由于挟带了大量地表污染物,其水质往往较差,加之雨水进入管道后,会使管道内的沉泥翻动,使进入泵站的初期雨水水质和污水的浓度相差不多,特别是合流制排水区域,雨天时合流污水的 BOD_5 浓度与晴天时污水的 BOD_5 浓度非常接近。对上海合流制泵站雨天水质的数据监测结果表明,发生溢流初期溢流水质甚至较晴天污水水质更差。

2. 控制初期雨水污染物的重要手段

雨水调蓄是调节高峰流量,控制分流制和合流制排水系统初期雨水污染物的重要手段。近年来该课题的探讨已成为国内排水工程界研究的热点之一。在这一领域,发达国家有许多先进成熟的经验可资借鉴。目前,发达国家的雨水排水管理正逐步摆脱过去传统的孤立考虑水患控制的思路,从仅关注管道末端快速排除雨水,转向将城市生态、环境保护、与水资源利用

统筹考虑的综合管理理念,为此城市雨水综合管理的主要内容包括:

①　从单纯重视工程技术措施转向工程措施和法律法规管理与养护并重;

②　从偏重大型处理设施转向同时注重中小型就近收集、处理设施;

③　用源头控制代替管道末端集中处理,降低雨水径流量和合流制管道溢流;

④　关注就地处理、雨水蓄渗回用利用;

⑤　尽可能采用接近自然生态的雨水排水系统,保护生态,促进良性循环。

3. 雨水调蓄的工程目标

雨水调蓄就是这些全新的思路和理念在工程措施上的具体体现,采用雨水调蓄主要可以达到两方面的工程目标。

(1) 形式多样的调蓄措施为提高城市抗洪防汛标准创造了条件

发达国家一方面在防汛设施上有较大投入,建立比较完善的防汛安全体系;另一方面,建设形式多样的调蓄设施,为防汛安全提供了辅助作用。由于雨水设施使用频率不高,因此如果无限制提高标准,将使设施的利用率降低,经济上也不尽合理。从技术经济的角度进行综合分析考虑,通过设置调蓄池将降雨过程中超出设计标准的雨量暂时储存起来,待雨停或排水系统设施空余时,再输送排放。这种方法较好地解决了投资和规模的矛盾,尤其适用于系统建成后需再提高标准的地区。另外,国外还有一种较为通常的方法是将一些室外停车场、公共绿地、娱乐设施、健身场地等作为调蓄用途,其地面标高比一般的地坪低,一旦降雨量超过管道允许的承受量时,就利用这些场所做临时调蓄。这实际上是另一种十分经济且行之有效的办法,中国 2010 年上海世博会城市最佳实践区内的荷兰鹿特丹案例馆,就是一个水广场,值得人们认真思考。

(2) 减少雨水排放对水环境质量产生的影响

发达国家对初期雨水的处理十分重视,德国将超过合流管道和泵站截流能力的污水和初期雨水暂时储存在调蓄池内,待管道有空余能力时再输送至污水处理厂处理后排放。有些国家则利用调蓄池作为预沉池,将较大颗粒预沉后排放。使用雨水调蓄的方法,实际上达到了提高截流倍数、减少合流污水排放量的目的。

过量雨水通过雨水泵站溢流至苏州河现场的实测数据表明,虽已建截流式合流制排水系统内的旱季污水和初期雨水通过截流泵站截流,但溢流的合流污水中仍含有大量污染物,雨季时仍对城市主要河流水质造成相当程度的污染。为削减雨季时沿岸泵站对城市河流大量排放污染物,可以提高截流总管和输送泵站输送能力。在无法提高截流总管和输送泵站输送能力的前提下,建设雨水调蓄池是控制溢流排放量的有效手段。

4. 合流制管道溢流

暴雨条件下,合流制排水系统内的流量超过截污流量时,超过排水系统负荷的雨污混合污水将直接排入受纳水体,被称为合流制管道溢流(CSO)。合流制管道溢流不仅严重污染受纳水体,影响水生生物的生长繁殖,造成水体富营养化,还会对城市居民的健康产生不利影响,制约城市的可持续发展。随着人们对水体环境要求的不断提高,合流制管道溢流污染的控制问题引起越来越多的重视。

(1) 影响 CSO 的因素

① 降雨条件

降雨特征对地表径流的浓度有很大影响。降雨强度决定了雨水淋洗地表污染物能量的大小,降雨强度越大,污染物被冲刷的动能越大,CSO 污染物浓度也越大。降雨量决定了稀释污染物的水量,降雨历时决定着污染物被冲刷的时间。降雨间隔时间决定了地面污染物的累积量,间隔时间越长,地面累积的污染物越多,一旦下雨,CSO 污染物浓度则相应增大。

② 下垫面情况

城市土地利用类型决定着污染物的性质、积累速率和径流系数。土地利用类型包括商业区、工业区、交通区、居住区、绿化区以及建筑施工区。其中,商业区和交通区的污染程度一般高于较低密度的居民区,尤其是重金属污染物。工业区的地表径流由其产业性质决定。绿化区的地表径流则来自于施用的化肥和农药。除此之外,街道清扫状况也在一定程度上影响了CSO 污染物浓度。地面清扫频率对地面污染物尤其是 SS 的去除影响很大。

③ 管道沉积物污染

有研究表明,合流制排水系统排入河道的污染物负荷约有 60% 来自于管道沉积物。这是因为在旱流时期,管道中只有旱流污水,此时管道充满度低,流速较小,管道底部很容易沉积固体杂质等污染物。降雨期间,管道内雨污混合污水流速随流量的增大而增大,旱季时沉积的污染物被水流冲起,特别是降雨初期,合流污水中污染物负荷明显增加。

④ 截流倍数 n_0

截流倍数是指在排水系统中,被截流的雨水量与晴天污水量的比值,它一定程度上反映了合流制排水系统的综合截流污水能力。n_0 越大,排水系统管径越大,收集的污水量就越大;反之,排水系统管径越小,污水收集量就越小。雨天时,超出合流制排水系统排水能力的合流污水在 n_0 较小的情况下就会发生 CSO,污水将直排河道,污染受纳水体。

(2) CSO 的治理对策

综合国内外对 CSO 污染的治理措施,目前治理对策主要有源头治理和末端治理。

① 源头治理措施

源头治理是指通过减少雨水径流,从水量和水质两个方面减少进入合流制管道系统的径流量和污染负荷,从根本上减少 CSO,这是控制 CSO 最经济、有效的措施。

a. 增设雨水渗透和滞留设施

随着城市化进程加快,不透水面积大幅增加,导致径流系数变大,在相同降雨条件下,雨水径流量大大增加,洪峰出现时间提前,对城市排水系统造成了很大压力。增设渗透设施和滞留设施可有效减少 CSO 的发生,使 CSO 污染控制与暴雨径流控制有效结合。降雨时,雨水落到城市地面需要经过植物截流、土壤入渗、地表洼蓄和蒸发后才会形成雨水径流,流入城市雨水管道或合流制管道。在城市进行透水路面铺装等渗透设施可增加入渗雨水量,削减流入雨水管道的雨水量,从而减少 CSO 水量。建设下凹式绿地滞留设施可蓄渗雨水径流,达到暂存、缓存雨水的作用,同时有机污染物在绿地内也可得到净化。

b. 增大截流倍数 n_0

n_0 的确定直接影响工程规模和环境效益。一般而言,n_0 大,则工程投资增加,环境效益好;n_0 小,工程投资少,但对环境的负面影响大。我国现行的室外排水设计规范中规定,n_0 应根据旱流污水的水质和水量及其总变化系数、水体卫生要求、水文和气象等因素确定,一般采用 $1 \sim 5$,实际工程中为节省投资一般采用 $0.5 \sim 1$。增大 n_0,管道截流的污水量增加,CSO 量减小。当 n_0 增加到一定程度时,就不会发生管道溢流,这样也就把 CSO 对受纳水体的污染降到最小。n_0 的选择只有综合考虑水文、环境和经济因素,才能找到最适合当地条件的最优截流倍数,见图 8.17。

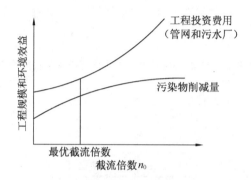

图 8.17 截流倍数对工程规模和环境效益的影响

② 末端治理措施

末端治理是指通过一定的控制措施对溢流污水进行处理。当截流管无法接纳超出截流能力的混合污水,且 CSO 的污染物浓度又较大时,建调蓄池是十分必要的。调蓄池的主要作用是截流初期雨污混合污水,提高合流制系统截流倍数,减少暴雨期间合流制管道的溢流量,从而减少对水体的污染。图 8.18 给出了合流制排水系统调蓄池流量图解。

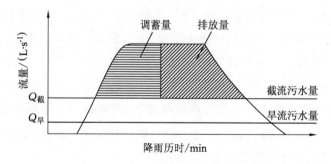

图 8.18 合流制排水系统调蓄池流量图解

降雨初期,将部分能被污水处理厂接纳的雨污混合污水直接送至污水处理厂;超出排水系统排水能力的那部分雨污混合污水部分溢流进入调蓄池,剩余部分直接溢流至水体。调蓄池内的溢流污水在晴天被输送至污水厂进行处理,这样可减少污水厂的在线流量,避免含有大量污染物的溢流污水直接排入水体。调蓄设施一般与截流设施或处理设施组合配置,可地上或地下布置,设施形式有池状和管涵状。调蓄池除了能储留混合污水,还能起到净化污水的作用。表 8.3 给出的是美国 CSO 调蓄池对不同污染物的去除效果。建立调蓄池是控制 CSO 污染的一项有力措施,但受空间和投资的限制。

表 8.3　美国 CSO 调蓄池对不同污染物的去除效果

类别	去除率/%	类别	去除率/%
TSS	50~70	Pb	75~90
TN	10~20	Zn	30~60
BOD	20~40	碳化氢	50~90
TP	10~20	细菌	50~70

注:TP 为总磷(Total Phosphorus)。

初雨径流中夹带大量地面和管道沉积污物杂质,初雨调蓄池在使用后底部不可避免地滞留沉积杂物,初期雨水储存在池内数小时,水中污物会沉淀,如果不及时清理会造成污染物变质,产生异味。因此,在设计初期雨水调蓄池时必须考虑对底部沉积物的有效冲洗和清除。

常用的调蓄池冲洗方式为门式自冲洗系统。调蓄池进水先进入储水池,并逐挡进入各廊道的储水池,待储水池蓄满水后,水再从储水池上部溢出进入调蓄池廊道。无论何种进水流量,进水总是先充满储水池,由它储存一定的冲洗水量。调蓄池排空时,控制浮筒随水位降低至设置标高,由控制系统触发,冲洗门瞬间将储水释放,水从门底部快速流出,形成强力的席卷式射流,射流形成的波浪将池底沉积物卷起,冲到调蓄池末端的收集渠,通过泵排出。门式自冲洗系统适用于方形、矩形和异形调蓄池,也可设置在管网中。门式自冲洗装置如图 8.19 所示。

图 8.19 门式自冲洗装置

该冲洗方式的优点是无需电力或机械驱动,无需外部供水,控制系统简单,单个冲洗波的冲洗距离长;缺点是目前使用进口设备,初期建设投资较高。

8.3.2 低碳方案

使用低碳方案处理合流制污水与其他方案并无过多不同之处,只是在处理污水时更加注重了对环境的要求。

在源头治理措施上,不仅可以建设类似于资源化方案的下凹式绿地滞留设施来蓄渗雨水径流,达到暂存、缓存雨水的作用,同时有机污染物在绿地内也可得到净化,还可采用雨水湿地、屋顶花园和植被过滤设施等。有研究表明,在各种不同降雨条件下,绿地系统对地表径流污染物的削减作用很明显,COD_{Cr},NH_3-N 和 TP 的平均去除率分别达到44.4%,56.6% 和42.3%,平均去除率都在40%以上。

对于截流倍数 n_0 来说,为了能达到更好的清洁生产处理效果,可以放弃最优截流倍数,适当提高一点截流倍数 n_0。

对合流制污水进行低碳处理的最有效方案就是实施雨污分流。

将合流制排水系统改造成分流制排水系统,实行雨污分流,是防治 CSO 污染最根本的办法。这样,污水经过污水管网直接引至污水厂进行处理后达标排放,避免了污水直排对受纳水体的污染。除此之外,实行雨污分流使进入污水厂的污水水质和水量都比较稳定,有利于实现污水处理后的达标排放。但实行雨污分流时,要求无论是住宅区还是工业区都要有独立的污水和雨水排水系统,还要求道路横截面有空间增设新的管道。这对于地下管道已基本成型的城市来说实施难度很大,并且成本也很高。

在末端治理措施上可以采用更加先进的旋流分离。旋流分离器是一种分离非均相混合物的设备,当雨污混合污水以一定压力从旋流器上部周边切向进入分离器后,产生强烈的旋转运动,由于固液两相之间的密度差,较重的固体颗粒经旋流分离器底流口排出,而大部分清液则经过溢流口排出,从而实现分离部分污染物的目的。它具有分离效率高、装置紧凑、操作简单、维修方便、占地面积少等优点,其性能受进口压力、流量、底流口大小和悬浮液自身性质等多种因素影响。有研究表明,处理 CSO 的旋流分离器适用于去除的颗粒物沉降速度为 3.66 m/h,即粒径在 100~200 μm 之间,其对 SS 的去除率达 60% 以上,对 COD 的去除率为 15%~80%。

对于一些经济条件允许的城市或者污染较严重、迫切需要改变的城市或地区来说,对 CSO 污水消毒是一个很不错的选择。CSO 污水中含有多种病原体和细菌,为了避免 CSO 污染受纳水体影响居民健康,应及时对 CSO 进行消毒处理。CSO 污水的消毒方式有氯消毒、二氧化氯消毒、次氯酸盐消毒、臭氧及紫外线消毒、过乙酸消毒等。随着科技的发展,诞生了一些新的消毒技术,如生物消毒、光催化消毒、电场消毒、超声波消毒等。目前,应用最为广泛的是氯化消毒,但在消毒过程中会产生有害副产物,污染水源。具体采用哪种消毒方法要根据待消毒的污水水质,综合考虑当地的经济和环境效益后决定。

8.3.3　节能方案

相对于资源化方案来说,节能方案就是采用一些相对简单便宜的设施或者简单易行的方法和工艺达到相对同等的效果,其主要不同在于末端治理措施。节能方案不仅可以采取调蓄池来接纳超出截流能力的混合污水,还可以采用沉淀池。

沉淀池的作用是在重力作用下去除污水中悬浮固体的可去除部分,是污水处理中常采用的一种设施。目前国外用于合流制排水系统污水溢流处理的装置主要有 Actiflo,Infilco,Densadeg 和 Lemalla,Plate 等。其沉淀单元均采用上流式斜管或斜板(起泥水分离和整流作用)以提高沉淀效率,改善出水水质。由于 CSO 水质、水量变化较大,以德国利用沉淀池处理 CSO 污染为例,其沉淀池处理 SS 的效率为 55%～75%。国内一些研究人员对处理 CSO 的沉淀池流态进行了研究,通过设置斜板和挡板并调整它们的位置来改善沉淀池的流态,提高了沉淀效果和出水水质,设计的中试装置对 SS,COD 和 TP 的去除率分别可达 80%,75% 和 85%。

如果仍然采用调蓄池来接纳超出的雨污水,随着节能减排政策的要求,就可以产生越来越多的环保节能型冲洗设施和方法。经过研究和比较,其中的水力翻斗冲洗十分符合节能标准。

水力翻斗冲洗是一种节能型冲洗方式,由断面为圆形和 30°储水三角水槽组成,翻斗安装于调蓄池宽度方向池壁上沿口,工作待命状态翻斗口朝上。当需清洗调蓄池时,利用翻斗上方的进水管道向翻斗内充水。当翻斗内充满水后,由于翻斗的偏心设计,斗体在偏心力矩作用下失稳,水斗自动翻转,斗内储水瞬间从斗口倒出,对池底进行冲洗,待水倒空后,翻斗自动回复原位。该方法的优点是无需电力或机械驱动,控制简单;缺点是必须提供外部水源给翻斗进行冲洗,运行费用较高。水力翻斗冲洗效果见图 8.20。

图 8.20　水力翻斗冲洗

8.3.4　溢流污染物最小化方案

1. 合流制溢流污水水质

美国合流制系统雨天溢流的水质指标平均值为：BOD_5—115 mg/L，SS—70 mg/L，TN—10 mg/L，TP—1.9 mg/L，Pb—0.37 mg/L，总大肠菌群102～104 MPN/100 mL。美国的合流制系统溢流的耗氧物质与营养盐类的出流负荷有时高于分流制系统，对此，美国实施了控制合流制系统溢流污染的标准，使溢流污染负荷不高于分流制系统的出流负荷。

法国对合流制排水系统的雨天溢流污染进行了研究，研究对地表径流、管道中的水流以及排放口的出水进行同步采样测定，考察了老城区合流制排水系统的雨天溢流污染规律以及污染物的来源。研究结果表明，街道径流的污染情况最严重，地面污染物的主要来源为街道，雨天溢流水质与旱流污水接近，直接溢流进入水体将不可避免地造成对水体的污染。

日本的大中城市合流制排水系统所占比例较大，如东京合流制排水系统占整个城市排水系统的90%。雨天溢流污水未经处理直接排入水体，使受纳水体的水质及生态系统遭到破坏，对公共卫生用水造成极大影响。2001年，多部门共同对合流制雨天排放状况实施紧急调查，结果表明，合流制排水系统雨天溢流的 BOD 小于旱流污水，而 SS 则大于旱流污水，并且各城市的溢流水质有一定差别。

我国许多城市都是合流制排水系统，都存在雨天溢流污染问题。北京1998—2006 年连续对城区雨水径流进行监测，结果表明，屋面和道路雨水径流污染严重，污染程度甚至超过城市污水。从截流式合流制系统的运行来看，这些污染的径流部分由溢流井进入水体，并且雨水在管道过程中会将沉淀在管渠中的污泥大量冲起，增加污水的浓度。例如，近年来北京、上海等地特大暴雨引起的雨季水流滞缓、黑水覆盖水面和"水华"事件以及交通堵塞都暴露出排水系统的问题。武汉中心城区多采用合流制管网，截流倍数均较小，雨天溢流次数较大，承担调蓄能力的湖泊污染较为严重。而上海的研究也表明，雨天溢流是造成苏州河水体污染的主要原因之一。

2. CSO 污染控制技术

对于合流制排水系统雨天溢流污染受纳水体，可以采取源头控制、管路控制、存储调蓄以及末端处理四类技术。

（1）CSO 污染的源头控制

源头控制是从水质、水量两个方面来减少进入合流管道系统的径流量，源头控制措施减少了进入管道系统的径流总量、峰流量、污染负荷，可减少溢流次数和溢流污水量，因此，可相应减小下游处理构筑物所需规模。

因地制宜地通过雨水资源合理利用与管理，从源头来加强雨水径流及合流管系溢流污染控制，还可以通过控制面源污染的源头措施来控制排入水体的污染物总量。

对 CSO 有利的径流源头控制措施主要有：铺装渗透性地面，增加雨水就地渗透设施，加强固体废物管理，清扫街道，清洁雨水口，控制土壤流失等。

（2）CSO 污染的管路控制

① 选取合适的截流倍数

在确定截流倍数时把目标定为在环境标准许可的前提下，尽量使用较小的截流倍数。但如何合理选取一直以来都是半经验、半理论化。有资料表明，当截流倍数选择 1 和 2 时，其工程投资及运转费相差近一倍。目前，在选取截流倍数时考虑的因素包括：受纳水体的水质要求和受纳水体的纳污能力。图 8.21 为截流倍数为 2 时，以汉阳地区为例，不同降雨强度对合流系统溢流污水污染负荷的影响。

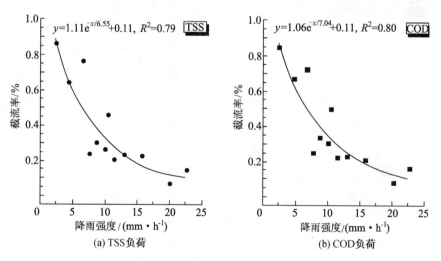

(a) TSS 负荷　　　　　　　　(b) COD 负荷

图 8.21　不同降雨强度对合流系统溢流污水污染负荷影响

由图可知,当降雨强度小于 5 mm/h 时,截流倍数为 2 对径流污染负荷的截流达到 70% 以上,基本可以解决径流污染问题。但当降雨强度大于 5 mm/h 时,截流倍数为 2 对径流污染负荷的截流基本在 20% ~ 30%,仍有大部分污染负荷溢流进入水体,因此从控制径流污染负荷出发,应采用较大的截流倍数。

② 管道冲洗

合流制管道内旱季沉积的污染物是合流制溢流污染物的重要来源。在汉阳地区测定,暴雨时管道内所沉积的污染物再泛起,占初期雨水 SS 和 COD 负荷的 60% 左右。在旱季周期性冲洗管道,将沉积污染物输送到污水处理厂,改善雨季溢流污水水质,可以减小溢流污染物排放量。冲洗可采用水力、机械或手动方式,使沉积物在水流冲刷作用下排出管道系统,尤其适用于坡度较小、污染物易沉积的管线。

③ 渗漏和渗入控制

由于管道破损,管道内污水会渗入地下,污染地下水,同时地表水位较高时,地下水会渗入管道系统,增大雨季溢流量。因此,应对管道进行必要的监测、维护,避免出现渗漏和渗入流量。

④ 管线原位修复

在破损管道内壁衬有机壁面,修复管道缺陷,减小管道粗糙度,增大过流能力,减少超载、回水现象的发生,减少污染物的沉淀积累。

(3) CSO 污水的存储调蓄

① 溢流截流池

德国从 20 世纪 80 年代到 90 年代基本实现对城市雨水溢流的污染控制,最典型的措施是修建大量的雨水池截流处理合流制管系的污染雨水,较快地实现了城市排水系统的改造和对合流制溢流污染的有效控制。

在降雨初期,小流量的雨污水进入污水处理厂,当雨水流量增大时,部分雨污混合水溢流进入储存池,被储存的这部分流量在管道排水能力恢复后返回污水处理厂,这样污水处理厂的在线流量减小,处理能力满足要求,避免含有大量污染物的溢流雨水直接排入水体。上海就有成功利用储存池控制苏州河沿岸雨天溢流污水量的工程实例。

图 8.22 是一种典型的溢流截流池,在国外应用较多。当流量较小时,合

流水直接由下游合流制管道输送至污水厂,流量增大到一定量且超过下游管道输送能力时,合流水由溢流口中的分流装置进入截流池储存。如果流量继续增大直至截流池装满,多余的合流水经由溢流口溢流,直接排放。

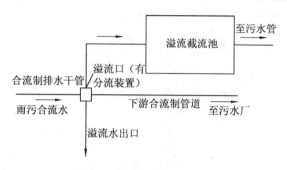

图 8.22　典型溢流截流池

截流池形式较多,图 8.23 是德国莱茵河支流 Lippe 河合流制排水干管的一种溢流系统。排放干管与溢流截流装置进水管串联,雨污合流水由排放干管进入溢流截流装置的进水管,当流量较小时,合流水直接由出水管输送至污水处理厂,流量增大到一定量超过出水管的负荷时,合流水由分流装置进入储存池。如果降雨继续进行,流量继续增大时,截流池已装满,多余的合流水经溢流装置溢流,经溢流管排放。截流池同时起到沉淀作用,雨污水在池中停留的同时进行沉淀,沉淀后上层较清洁水由溢流管直接排放。图中的分流装置与溢流装置实际上都是溢流堰。该装置自动化程度较高,出水管和截流池中均装有流量测定仪。出水管中流量超过其输送能力时,分流装置自动开启;截流池中流量超过其容积时,溢流装置自动开启。

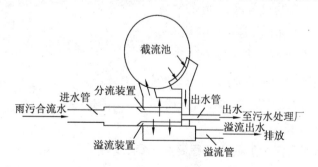

图 8.23　德国的一种溢流截流装置

除上述截流池外,还有一种类似雨水在线调节池的截流装置,即排水干管与储存系统串联的"在线"截流装置,其结构简单,不需要分流装置,见图8.24。该装置一般建在合流排放干管下游。截流池底部仍有渠道通过。降雨初期流量较小时,雨污水由渠道输送至污水厂,流量足够大时,多余的雨污水溢出渠道储存在截流装置中,当截流池装满后,后面流过来的雨污水会把装置中原有的雨污水推流出去直接排放。

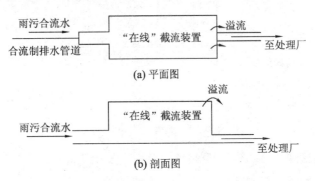

图 8.24   溢流"在线"截流系统

这种"在线"截流装置在国外应用较多,例如美国 Milwaukee 市修建"隧道"式储存系统就是一种"在线"截流池,可以容纳 400 万立方米雨污水,见图 8.25。

② CSO 污水净化处理

CSO 污水净化处理技术用于减少排入水体的污染物负荷量,去除的物质包括可沉淀固体、漂浮物、细菌等。CSO 污水净化处理技术主要有三种设施:沉淀池、旋流分离器和消毒。这些设备设施的相关信息在前面已有表述。

图 8.25   "隧道"式溢流储存系统

3. 案例分析

以苏州河支流污水截流工程研究为例,支流截污工程中对该地区的旱季污水总量预测为 5.44 万立方米/日。根据《上海市中心城分区规划说明——普陀》,该排水系统的规划污水量为 1.55 万立方米/日。采用规划方法计算出的污水量小于目前纳入排水系统的泵站排放量。在规划设计阶段,该区域属于工业区,污水产生量较大,随着区域定位和规划调整,大部分区域由工业用地转变为居住用地,污水量相应变化,而采用规划方法计算出的污水量并不能完全反映该地区的实际污水排放量,而采用分析研究现状排水量的方法计算出的污水量应更为准确可靠,更能反映当前和未来该地区污水量变化的趋势。因此,该工程的设计污水量确定为 2.6 万立方米/日。

调蓄池的设计规模和工程效益分析如下。

（1）调蓄池设计规模

参考德国废水协会 ATV Arbeitsblatt A 128—1992 标准,调蓄池容积按下式计算:

$$V = 1.5 V_{SR} A_U \tag{8.9}$$

式中,V——调蓄池容积,m^3;

V_{SR}——每公顷面积需调蓄雨水量,m^3/hm^2;$12 \leqslant V_{SR} \leqslant 40$,一般可取 20;

A_U——非渗透面积,A_U = 系统面积 × 径流系数。

该排水系统面积为 208 hm^2,综合径流系数为 0.49,代入式（8.9）计算调蓄池容积得 $V = 1.5 \times 20 \times 208 \times 0.49 = 3\ 057.6(m^3)$。设计调蓄池时体积 V 取 3 500 m^3。

该排水系统调蓄池的当量降雨量为 $V/A_U = 3.4(mm)$。

上海暴雨重现期 $P = 1$ a 时的降雨量为 35.5 mm/h,因此调蓄池相当于截取 1 年降雨频率 5.75 分钟的降雨量。

（2）工程效益分析

雨水调蓄池采用和污水截流雨水泵房合建的形式,见图 8.26。晴天时,污水截流泵房输送旱季污水。雨季时,降雨量未超过截流倍数,由污水截流泵输送旱流污水和初期雨水;降雨量超过截流倍数,合流污水溢流入调蓄池储存,同时污水截流泵仍继续输送旱流污水和初期雨水。调蓄池蓄满后,污水截流泵仍继续输送旱流污水和初期雨水,过量雨水则由雨水泵提升后排入苏州河,待合流污水输送总管有空余能力时,调蓄池通过污水截流泵及时排空,并冲洗清理干净,以备下次使用。

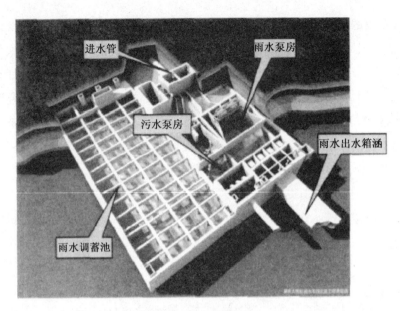

图 8.26　合建式泵站

为计算调蓄池工程效益,需引入污水量当量降雨强度的概念,该地区旱流污水量的当量降雨强度为

$$\frac{24\ 000\ \text{m}^3/\text{d}}{24\ \text{h/d} \times 208\ \text{hm}^2 \times 0.49} = 1.0\ \text{mm/h}$$

截流倍数为 3,则截流初期雨水降雨强度为 3.0 mm/h。为定量分析降雨、调蓄和溢流的关系,根据上海市中心气象台提供的小时降雨统计资料,将这些数据进行分类整理见表 8.4。

表 8.4　历年降雨量统计表　　　　　　　　　　　　　　mm

月份 年份	一月	二月	三月	四月	五月	六月	七月	八月	九月	十月	十一月	十二月	合计
1998	206.2	63	127.3	62.4	64.1	211.9	211.9	103.7	79.0	35.6	16.6	43.1	1 161.1
1999	51.1	31.7	136.4	99.1	94.5	729.2	105.9	326.4	126.9	40.1	30.0	4.7	1 776.0
2000	102.9	53.9	106.7	51.0	114.8	158.8	134.0	173.6	110.6	157.8	124.0	17.6	1 305.7

由表 8.4 中数据可知,3 a 平均降雨量为 1 414.3 mm。建设截流设施后,初期雨水被截流,过量雨水则溢流至苏州河,增加截流设施后溢流量见表 8.5。

表 8.5　建设截流设施后溢流雨水量统计表　　　　mm

年份\月份	一月	二月	三月	四月	五月	六月	七月	八月	九月	十月	十一月	十二月	合计
1998	7.1	3.4	5.9	8.7	3.5	41.1	124.4	59.5	11.8	7.7	0.1	1.9	275.1
1999			24.0	15.9	22.6	309.0	30.6	208.9	722.2	1.7			684.9
2000	20.8	3.2	6.8	5.6	28.0	98.6	85.1	85.5	33.5	55.3	18.6		441.0

建设截流设施后,每年平均溢流量为 467.0 mm,溢流率为 33.0% ,可见建设截流设施后,大部分初期雨水被截流,雨季时溢流入苏州河的雨水量明显减少。

在建设截流设施的基础上,辅以雨水调蓄设施,将进一步减少雨季溢流雨水量,见表 8.6。增加雨水调蓄设施后,每年平均溢流量减少至 337.1 mm,溢流率降低为 23.8% ,溢流量减少了 129.9 mm,溢流率减少了 9.2% 。假设初期雨水中 COD_{Cr} 的平均浓度为 300 mg/L,则增设雨水调蓄池后,每年可减少 COD_{Cr} 排放量 39 776 kg。由此可见,建设体积为 3 500 m^3 的雨水调蓄池后,可在截取 3 倍初期雨水的基础上进一步减少雨季时的溢流次数和溢流量,达到大幅削减排入苏州河污染物总量的工程目标。

表 8.6　建设雨水调蓄设施后溢流雨水量统计表　　　　mm

年份\月份	一月	二月	三月	四月	五月	六月	七月	八月	九月	十月	十一月	十二月	合计
1998	0.6		0.4	0.5		24.7	91.0	43.6	3.2	4.3			168.3
1999			22.3	9.2	15.7	237.0	20.0	160.3	58.0				522.5
2000	17.4		2.9	2.2	16.1	79.3	68.2	62.5	22.1	43.7	6.2		320.6

8.3.5　管理方案

合流制污水清洁生产的管理方案是一项非常复杂的工程,方案措施应根据城市的具体情况,因地制宜,综合考虑污水水质、水量、水文、气象条件、水体卫生条件、资金条件、现场施工条件等因素,结合城市排水规划,在确保尽可能减少水体污染的同时,充分利用原有管渠,实现保护环境和节约投资的双重目标。

现阶段,针对旧合流制排水管道系统容易使污水同污染严重的初期雨水混合放入水体(当然分流制也存在初期雨水污染水体的问题),即雨天时,本应处理的污水在未完全得到处理前排入水体的情况。从改善水质的角度,可以采用如下改造方法:

① 雨水储存池。污染严重的初期降雨放入雨水储存池,降雨恢复常态后,将池内水送至处理厂处理。目前,在用地、污泥处理、运行管理等方面虽存在不少问题,但在防止初期雨水污染方面属于最佳措施。合流制系统末端设雨水储存池时,需同时设置雨水溢流井、泵站与处理设备等。采取增大初次沉淀池处理能力和设置加药沉淀池等工程措施可使雨水得到处理,并可作为晴天时的流量调节池。因此,可采用设置在地下的大型储水管或储水隧道作为雨水储存池。

② 稀释倍数。提高稀释倍数是目前既可行又高效的方法。由于增加的水量部分导入处理厂,所以截流管与处理厂也必须相应扩大。通常雨天的污水量按污水量的0.5～5倍计算。

③ 杜绝晴天污水溢流。国内外很多城市下水道历史较早,且多为合流制。随着城市发展,人口增多,合流管内污水量也在不断增多,晴天时污水从溢流井溢流入水体之事屡见不鲜。

④ 改造管渠。从维护管理上,布设不沉积污染物的管道是必要的,特别应对坡度不正常处和导虹管处予以改造。另外,为防止管内污水滞流,在泵站机排区域内,中继泵站采用低水位运转,导出污水。

对于管道系统本身,目前提出的改造办法主要有四种。

(1)改旧合流制为分流制

将旧合流制改为分流制,是一种彻底的改造方法。由于实施雨污分流,可以将污水全部引至污水处理厂进行处理,从根本上杜绝污水直接排放对水体的污染。同时,由于雨水不进入污水处理厂,因此,处理水的水质和水量可维持较小的变化范围,保证出水水质的相对稳定,容易做到达标外排。

实施分流制对于现状条件的要求较高,不论是住宅区还是工业企业,其内部的管道系统必须健全,要求有独立的污水管道系统和雨水管道系统,便于接入相应的城市污水、雨水管网;同时要求城市街道的横断面有足够的位置,允许新增管道的敷设。一般城市由于建设年代久远,地下管线基本成型,地面建筑拥挤,路面狭窄,如若将合流制改为分流制,存在投资大、施工困难等诸多现实问题,很难在短期内做到。

（2）保留部分合流管,实行截流式合流制

大部分城市,如果水体环境有足够的自净能力,基本上采取截流式合流制排水系统,保留老城区部分合流管,沿城区周围水体敷设截流干管,对合流污水实施截流,并视城市的发展状况逐步完善管网,改为分流制。这种过渡方式,由于工程量相对较小、节约投资、易于施工、见效快,已得到广泛应用,并取得良好效果。例如,巢湖市污水厂配套管网工程中老城区建成多年,地面建筑及地下设施已经成型,不宜大规模实施分流制改造,而城区内有环城河、天河等丰富的水体可利用,根据当地实际情况,在老城区内即采用了截流式合流制排水系统。

旱季时,截流式合流制排水系统可将污水全部送入污水处理厂。雨季时,通过截流设施,只能将部分合流污水输送至污水厂处理,超出截流水量的污水排入附近水体,不可避免会对水体造成局部和短期污染,而进入处理厂的污水混有大量雨水,使原水水质和水量波动较大,必将对污水厂各处理单元产生冲击,这就对污水厂处理工艺提出了更高的要求。

（3）在截流式合流制的基础上,设置合流污水调蓄构筑物

有些城市的周围水体稀疏,环境容量有限,自净能力较差,不允许合流污水直接排入,在这种情况下,可在截流干管适当位置设置合流污水调蓄构筑物,将超过截流干管传输能力及污水厂处理能力的合流污水引入调蓄构筑物暂时储存,待暴雨过后再通过污水泵提升至截流干管,最终进入污水厂进行处理,基本上可保证水体不受或少受污染。

（4）在截流式合流制的基础上,对溢流混合污水进行处理

与上一种情况类似,如果城市周围水体自净能力有限,水体环境相对脆弱,采用截流式合流制排水管道系统,在溢流合流污水排入水体前,必须进行处理。针对合流污水水量大、浓度低的特点,可采用一级处理,选择筛滤、混凝沉淀、投氯消毒的处理工艺。合流污水经处理后,污染物浓度可显著降低,从而大大减轻对水体的污染。

同样,该措施由于考虑雨水的处理,与上一种情况存在类似的不足:日

常运行费用高,且分散处理设施远离城市集中污水处理厂,在运行、维护、管理等方面均存在诸多不便。

基于上述分析和我国城市排水现状,我国的中小城市在长期发展过程中,由于受投资因素的限制及发展模式的影响,建成区现状多为雨污合流制,合流制区域面积至少占建成区面积的80%,而且20世纪80年代以前的建成区,建筑密集,各种地下管线拥挤,因此要改造为分流制,需增设一套污水管网系统,难度非常大。合流制在一定时期内还会存在,加之我国大多城市市政基础设施较薄弱,受资金制约,在目前旧合流制排水管道系统改造中一味强调分流制很不现实。所以,在现阶段大多数情况下,截流式合流制排水系统改造具有工程量小、节约投资(比分流制减少约40%)、易于施工、见效快、可操作性强等优点,比较符合中国国情。

8.4 混接管网污水清洁生产方案

我国多数城市的旧城区多采用合流制排水管道系统,对污水不加任何处理就直接排放,另外许多污水管上错接了雨水管,雨水管上错接了污水管,还有的甚至分不清是雨水管、污水管还是雨污混合管。随着城市的发展和人口的集中,城市管道错接率十分高,这就必然造成对水体的严重污染。为保护水体,就必须对城市已建旧合流制排水管道系统进行改造。

以武汉东沙湖地区为例,根据2004年武汉大学测绘学院管网普查资料统计,该地区管网雨污分流的小区面积仅占2%,雨污合流的面积占70%,雨污混流的面积占28%;另以珞狮路(武珞路 - 东湖环湖路)约长1 700 m的地下排水管线错接情况为例,雨水管错接率为24%,污水管错接率为38%,综合错接率为28%。由此可知,雨污分流制改造工程复杂、实施难度大、历时长、投资高,无法在短期内缓解东沙湖地区的水体污染状况;而东沙湖地区的污染问题有迫切的政治需求和环境保护需求,因此需提出一个近期解决方案作为过渡,以缓解东沙湖地区的污染状况,遏制水体恶化趋势,促进水质恢复。

8.4.1　资源化方案

首先,在确定方案前必须对所在地区进行调查研究分析,确定雨污合流、雨污混流、雨污分流的面积;然后应确定污水管、雨水管错接率,以及绘制它们的分布情况,了解其实际情况。

由于将合流制改为分流制投资大,施工困难,短期内难以做到,所以目前常将合流制改造成截流式合流制排水管道系统,但这种管渠并没有完全杜绝污水对水体的污染。溢流的混合污水中不仅含有旱流污水,而且还挟带晴天沉积在管底的污物,它足以对受纳水体造成局部或整体污染,所以必须对混接的污水管进行适当处理。

由于截流式混接管排水管渠中溢流的混合污水直接排入水体仍会造成污染,其污染程度随着城市和工业的进一步发展日益严重。为保护水体,可对溢流的混合污水进行适当处理,从而彻底解决溢流混合污水对水体的污染。常用的处理措施有:细筛滤、沉淀或加氯消毒后再排入水体,也可增设蓄水池或地下人工水库,将溢流混合污水储存起来,待暴雨过后再将其抽送入截流干管进入污水厂处理后排放。

8.4.2　低碳方案

有些小城市会出现一些特殊现象,如在一些居民区或者工业区,人们将生活污水或者工业废水往集雨井中倾泻,导致不必要的污染,这种现象并非是设计施工出现的失误,而是在使用过程中出现的不当行为,对此必须采取必要手段来制止这些行为的发生。另外,可以根据以上现象修建相应的污水管,如果该地区错接率巨大而且难以改造,可以在该地区周围修建调蓄池并设置溢流井来缓解污水对河流或污水处理厂的压力,同时还要对居民加大环境教育的力度。

8.4.3　节能方案

对于部分地区来说,由于城市地形或布局关系,有些雨水直接流入了污水井,而周围的集雨井用处不大。对于这种增加污染的现象,可以采取四种方法:

① 封堵污水口,这样雨水就会流入集雨井,减少雨污混流所带来的污染。

② 对于有些地区雨水量巨大,现有集雨井难以维持,可在集雨井附近下游的雨水管道设置溢流井,溢流至附近的污水干管中。当大雨来袭时多余的雨水就会流走,不会对城市造成不必要的麻烦。

③ 如雨势巨大出现污水管难以维持的现象时,可在污水管下游再设置溢流井,使之流向其他污水管或修建调蓄池。如果由于雨水巨大或者本地的污水污染程度很高,可以修建沉淀池对来水进行预处理后再送至污水厂。

④ 如当地雨势较小或者污水污染程度并不高,可减少不必要的集雨井,让雨水流入污水管道,不仅可以冲淡污水,还可以冲刷污水管道。若有些地区有突发情况,则可以保留雨水井,平时进行适当封堵,洪水来临时就打开泄洪。

8.4.4　最小化方案

将合流制改为分流制可以完全杜绝混合污水对水体的污染,实现混接管污水清洁生产最小化,因而这是最彻底的改造方法。

通常,具有下列条件时,可考虑将合流制改造为分流制:

① 住房内部有完善的卫生设备,便于将生活污水与雨水分流;

② 工厂内部清浊分流,便于将符合要求的生产污水接入城市污水管道系统,将生产废水接入城市雨水管道系统,或将其循环利用;

③ 城市街道横断面有足够位置,允许设置因改成分流制而增建的污水管道,以不致对城市交通造成过大影响。

目前,住房内部的卫生设备已日趋完善,将生活污水与雨水分流易于做到,但工厂内的清浊分流则不易做到。城市街道横断面由于年代久远,地下设施较多,街道拓宽难度大,给合流制的改造带来极大的困难,而且耗资巨大。

8.4.5　调蓄方案

对于雨污混接严重的地区,可以修建溢流井截流污水到调蓄池。在旱季,混接污水通过泵站输送到污水处理厂;在雨季,可以储存污水,当暴雨来临时,调蓄池水位高于河水水位则开闸放水,同时泵站满负荷运行处理来水。

8.4.6　分质处理方案

对于可将合流制改为分流制的混接污水,需进行整改,从而进行分质处理。

如果难以更改,则可以对现有调蓄池进行适当改建,在调蓄池周围修建一些预处理设备,尤其是增加一些分流装置,分流装置在溢流截流存储调蓄设施中充当重要角色,对控制溢流的截流量起着决定性作用。尤其是对那些混接的污水,如图 8.27 所示的分流装置可有效控制进入截流池的溢流量。

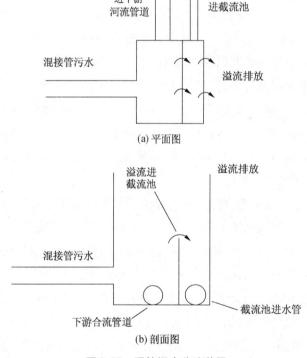

(a) 平面图

(b) 剖面图

图 8.27　混接污水分流装置

该装置设有两个溢流堰,当流量超过下游排水管道输送能力时,雨污水溢流过较低的溢流堰,进入截流池。流量继续增大,雨污水溢流过较高的溢流堰直接排放。两个溢流堰的高度至关重要,较低溢流堰的高度根据下游合流管道的输送能力而定,较高溢流堰的高度则由截流池的截流体积而定。溢流堰也可设计成可调式,可调式溢流堰可根据实际情况随时调节溢流堰的高度,可以减少溢流历时和次数,从而减少对受纳水体的影响。此外,为了实施有效管理,西方发达国家许多大城市的排水系统,都利用计算机技术对排水系统在不同程度上进行实时控制,将系统中的各种调节、控制设施及管道的富裕容量进行综合调度,以达到减少溢流次数和溢流水量、减少溢流污染负荷、减少管道超载和地面淹水、均衡污水厂的入厂水质水量等多重目标。为此,应对系统内各控制点的降雨、流量、水位等信息和堰闸阀、水泵等设备进行遥测、遥控,由控制中心通过预定程序以最佳方案进行调度。

8.4.7　管理方案

在城市中,对混接现象严重的旧合流制排水管道系统的改造是一项非常复杂的工作。对我国来说,各城市排水管道系统在不同发展阶段所使用的材料和技术条件千差万别,混接管错综复杂,这给城市旧排水管道系统的改造增加了很大困难。因此,城市旧合流制排水管道系统的改造必须根据当地具体情况,与城市规划相结合,在确保水体免受污染的前提下,充分发挥原有管道系统的作用,使改造方案既有利于保护环境,又经济合理、切实可行。对于人为因素的影响来说,政府有关部门可加大对这方面的宣传力度,尽量减少污水的无序排放。

在一个城市中,可能有合流制与分流制并存的情况。在这种情况下,必须慎重处理两种管道系统的连接方式。当合流制管道系统中雨天的混合污水能全部在污水厂进行处理时,两种管道系统的连接方式就比较灵活。当合流制管道系统中雨天的混合污水不能全部进入污水厂处理,而必须在处理构筑物前溢流部分混合污水时,就必须采用如图8.28所示的两种连接方式。它们使合流管渠中的混合污水先溢流,然后与分流制的污水管道系统连接,两种管道系统一经汇流,汇流的全部污水都进入污水厂,经过处理后再排放。

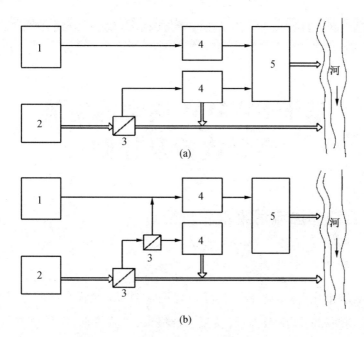

图 8.28　合流制与分流制并存的连接方式

第9章

基于 SWMM 模型的溢流污染模拟及控制

9.1 合流制溢流污染水质特征

9.1.1 溢流污染危害

随着城市化进程的加快,建成区面积不断扩大,导致不透水面积大幅度增加,从而使相同降雨条件下,径流系数增大,洪峰提前,洪量增大,对城市排水和河道行洪构成巨大的压力。城市雨水问题以及由此引发的合流制排水管道溢流(CSO)污染问题日益严重,主要表现在以下方面:① 不透水地面的增加,导致大量雨水流入下水道,水循环系统的平衡遭到破坏,城市洪灾风险加大;② 雨水径流污染日益严重;③ CSO 污染问题随着水质的变差有加剧的趋势。我国许多城市特别是老城区,大部分都采用合流制排水系统,雨季经常出现污水溢流漫溢,造成道路积水,影响交通;溢流污水水量大,水质差,不经任何处理直接排放水体,对城市水体污染严重。

CSO 由降雨所引发,非连续地将集水流域上和管道中的污染物排入受纳水体。CSO 的污染与汇水面的特点及利用类型有很大关系,汇水面的特点和利用类型决定了污染物的种类和浓度,其污染物主要是与生活有关的耗氧污染物和病原微生物。CSO 不经处理直接外排将会造成严重危害,对受纳水体造成严重影响,主要包括以下几方面:

(1)影响水生生物

CSO 中大量有机物排入水体,微生物迅速繁殖,造成水中溶解氧下降,水体中经常短期出现低溶解氧时,会影响水生生物的正常生长,阻碍内陆水体水产业的发展。同时,一些来自造纸厂、化工厂、药厂、印染厂等工业废水和化学洗涤剂、农用杀虫剂、除草剂等有毒有害物质随雨水进入水体,造成水体污染,毒害鱼类。

（2）造成水体富营养化

溢流污水中富含大量的氮、磷元素,排入水体引起水中藻类等生物异常增殖,出现"水华"现象,影响水体功能。

（3）减弱亲水感

CSO 排入城市河道,由于污水中携带各种固体颗粒物,裹挟的物质粒径小,难以沉降,增加了水体的浊度和色度,受纳水体的视觉效果变差,减弱了亲水感,特别是夏季,影响人们嬉水和游泳的偏好。

（4）威胁健康

溢流污水中含有各种病菌甚至病毒,各种病菌病毒在水体中繁殖并通过水体传播,拓宽了病菌病毒的传播途径和渠道,威胁人们的健康安全。目前很多城市河道水质为劣五类水体,污染严重、黑臭现象突出的河流散发难闻气味,有些河道两旁寸草不生,黑臭水体散发的气体如硫化氢、氨等严重危害人体健康。

（5）制约经济可持续发展

景观生态河流可以为工业用水、园林绿化、生活用水、城市消防等提供水源,并可以起到防洪排涝的作用。城市河流能起到调节城市气候的作用,减少因城市发展引起的热岛效应。城市河流水体水质变差,降低河流的水体功能,减弱城市的活力,在一定程度上会阻碍城市的综合发展。

9.1.2　取样点位及方法

结合镇江研究区域的实际情况,选取 3 个溢流口取样（1#:黎明河;2#:新世纪;3#:南水桥泵站）,见图 9.1。

采用容积为 600 mL 的聚氯乙烯瓶作为现场采样瓶。每次取水样500 mL左右。在镇江市水业总公司实验室进行分析,为保证测定结果准确,每次取样后,按国家标准分别进行低温处理,并尽快送至实验室进行分析。

图 9.1   溢流口取样点位图

　　根据 CSO 中可能存在的污染物并参照国内外研究成果,确定 SS、COD$_{Cr}$、NH$_3$-N、TP 为水质分析指标。水样的采集、处理和检测均按照《水和废水监测分析方法》(第四版)中规定的标准方法进行。检测方法及仪器见表 9.1。

表 9.1   检测方法及仪器

检测项目	仪器设备	型号	分析方法
SS	电子天平	BS210S	重量法
COD$_{Cr}$	滴定管、回流装置		重铬酸钾法
NH$_3$-N	紫外分光光度计	UV-7504C	纳氏试剂比色法
TP	紫外分光光度计	UV-7504C	钼酸铵分光光度法

9.1.3   结果与讨论

　　两次降雨事件中同时开展了合流制管网溢流口水质检测。2010 年 7 月 4 日溢流口水质测定结果见表 9.2。2010 年 8 月 16 日溢流口水质测定结果见表 9.3。

表9.2　2010 年 7 月 4 日溢流口水质

采样点	地点	降雨历时/ min	COD$_{Cr}$浓度/ （mg · L^{-1}）	SS 浓度/ （mg · L^{-1}）	NH$_3$-N 浓度/ （mg · L^{-1}）	TP 浓度/ （mg · L^{-1}）
1#	黎明河	0	640	4 320	10.6	9.83
		5	728	2 940	9.25	8.16
		10	378	1 160	8.08	6.58
		15	401	1 740	7.10	6.86
		20	387	1 670	6.83	8.98
		30	178	1 430	6.13	4.92
		60	193	1 470	5.06	3.42
2#	新世纪	0	237	1 530	8.53	4.96
		5	190	1 730	5.73	3.85
		10	67	882	7.23	2.39
		15	114	750	6.31	2.49
		30	73	117	16.0	1.93
3#	南水桥 泵站	0	285	1 020	9.45	4.71
		5	85	500	5.79	1.72
		10	108	398	5.66	1.98
		15	125	230	4.49	1.68
		20	64	302	4.34	1.39
		30	81	254	6.57	1.83
		60	22	97	5.60	0.971
		120	16	101	5.34	1.14

注：① COD$_{Cr}$浓度的变化范围为 16～728 mg/L，不同采样点数据相差较大。
　　② SS 浓度最大为 4 320 mg/L，最小为 97 mg/L，不同采样点数据相差较大。
　　③ NH$_3$-N 浓度的变化范围为 4.34～16 mg/L。
　　④ TP 浓度变化范围为 0.971～9.83 mg/L，在整个降雨时间中数据相差较大。

表9.3 2010年8月16日溢流口水质

采样点	地点	降雨历时/min	COD$_{Cr}$浓度/(mg·L^{-1})	SS浓度/(mg·L^{-1})	NH$_3$-N浓度/(mg·L^{-1})	TP浓度/(mg·L^{-1})
1#	黎明河	0	121	286	26.8	3.15
		5	111	183	25.3	3.01
		10	110	233	23.5	2.64
		15	100	130	23.7	2.56
		20	68	145	24.8	3.03
		30	61	112	23.6	3.53
		60	67	116	24.8	3.76
		120	71	167	25.3	2.37
2#	新世纪	0	131	487	9.43	1.95
		5	151	680	8.77	1.92
		10	157	618	5.41	2.17
		15	103	463	4.87	2.63
		20	87	95	6.22	1.07
		30	62	58	6.40	0.912
		40	43	67	6.58	1.02
		60	54	59	7.16	1.01
3#	南水桥泵站	0	124	193	6.89	3.05
		5	95	193	4.56	1.49
		10	102	197	4.41	1.47
		15	112	215	4.31	1.39
		20	87	151	4.33	1.03
		30	88	148	5.29	1.43
		60	109	23	6.17	1.2

注:① COD$_{Cr}$浓度的变化范围为43～157 mg/L,不同采样点数据相差不大。

② SS浓度最大为680 mg/L,最小为23 mg/L。

③ NH$_3$-N浓度的变化范围为4.31～26.8 mg/L。

④ TP浓度变化范围为0.912～3.76 mg/L,在整个降雨时间中数据相差较大。

两次降雨时间间隔越长,路面及管道内积累的 SS 就越多,SS 的浓度就越大。如图9.2所示,2010 年 7 月 4 日所测 SS 的浓度要比 2010 年 8 月 16 日高很多。CSO 中 SS 的浓度大小不仅与路面污染物的多少有关,还与管道内沉积物的多少有关,只有当降雨强度和降雨量达到一定程度时才能将管道内的沉积物冲起带入水流,如果降雨量和降雨强度较小,合流制管道内的沉积物不被冲起,SS 所达到的水平就会很低。例如,2010 年 8 月 16 日的降雨强度太小,未能使管道沉积物进入水流,所测 SS 浓度较小,仅是雨水及少量路面中的 SS,并且值的变化不大。但当降雨达到一定强度,可以使管道沉积物进入水流时,SS 浓度就会出现一个峰值。例如,2010 年 7 月 4 日的降雨在初始时强度就很大,形成初期冲刷作用,SS 浓度在检测初始时就达到最大值,随后不断降低,在5 ~ 25 min 内 SS 值有所波动,随着降雨的持续,后续趋于平缓。

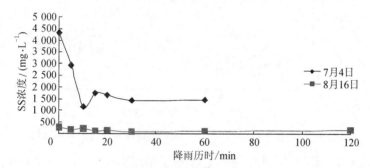

图9.2　两次降雨期间 1# SS 浓度随降雨历时的变化趋势

如图9.3所示,COD_{Cr} 的浓度变化趋势与 SS 相似,降雨强度和降雨量对 COD_{Cr} 的影响均与 SS 相同。当降雨强度很大时,COD_{Cr} 峰值的出现时间也与 SS 相同。但由于 COD_{Cr} 不仅受固态污染物的影响,而且受溶解态污染物的

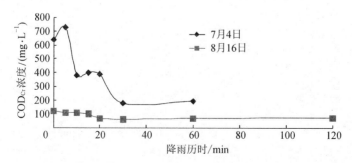

图9.3　两次降雨期间 1# COD_{Cr} 浓度随降雨历时的变化趋势

影响,因此 COD_{Cr} 的浓度变化范围比 SS 小。

如图9.4所示,NH_3-N 的浓度总体呈下降趋势。因为 NH_3-N 只与污水中的溶解态污染物有关,其浓度不受进入水流的管道沉积物影响,并且雨水与污水的混合使得 NH_3-N 被稀释,浓度下降。但从图中可以看出,2010年7月4日所测得的曲线 NH_3-N 下降趋势更加明显,而2010年8月16日 NH_3-N 的变化趋于平缓。这是由于2010年8月16日的降雨强度相对较大,对 NH_3-N 产生的稀释作用更加明显,随着降雨量的增大,NH_3-N 浓度越来越低。而2009年11月5日降雨量较少,对 NH_3-N 的稀释作用很微弱,后期雨量更小,而污水中的溶解性污染物由于雨水的汇集作用增加,因此 NH_3-N 浓度相对于前期甚至有所升高。

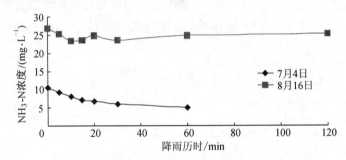

图9.4　两次降雨期间1# NH_3-N 浓度随降雨历时的变化趋势

如图9.5所示,TP 浓度的变化趋势与 NH_3-N 相似。当降雨强度相对较大时(2010年7月4日),由于只受溶解态污染物影响,随着降雨流量的增加,TP 不断被稀释,浓度不断降低。但当降雨强度较小时(2010年8月16日),雨水稀释作用很弱,浓度变化较平缓,并会因为溶解性污染物的不断汇入而使浓度有所升高。

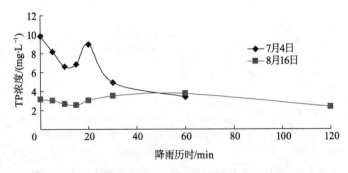

图9.5　两次降雨期间1# TP 浓度随降雨历时的变化趋势

如图9.6和图9.7所示，SS浓度与COD_{Cr}浓度之间具有一定的线性相关性，但并不明显。两次的线性相关系数只有0.629 2与0.640 1，说明随着降雨的进行，二者的总体变化趋势相似，但也有一定的差异。在研究溢流污染控制技术时，可将SS与COD_{Cr}作为同一类污染物进行控制，也就是说在去除SS的同时，对COD_{Cr}也会产生一定的削减作用，反之亦然。

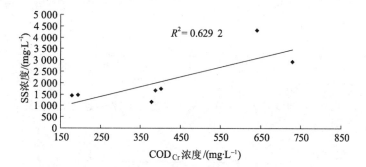

图9.6 2010年7月4日SS浓度与COD_{Cr}浓度线性相关分析

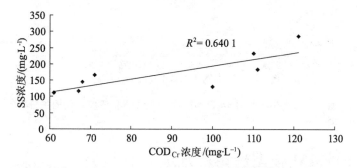

图9.7 2010年8月16日SS浓度与COD_{Cr}浓度线性相关分析

如图9.8所示，NH_3-N浓度与TP浓度的线性相关系数为0.901 8，两者具有很好的线性相关性。而图9.9中两者的线性相关系数只有0.006 8，说明两者基本不具有线性相关性。由此可推测，NH_3-N浓度与TP浓度的变化趋势是否线性相关，与降雨强度有关。由于NH_3-N与TP都只与溶解态污染物有关，两者浓度的变化都是由于雨水的稀释作用。当降雨强度较大时（2010年7月4日），雨水对NH_3-N与TP的稀释作用明显，两者具有很好的线性相关性，在对溢流污染进行控制时，对于可以去除NH_3-N的技术，对TP也具有很好的削减作用，反之亦然；而当降雨强度较小时（2010年8月16

日),雨水的稀释作用可以忽略,NH₃-N 与 TP 的控制则要综合考虑采取相应的技术。

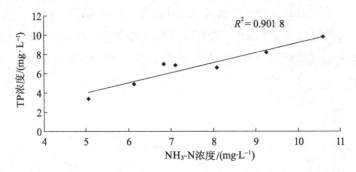

图 9.8   2010 年 7 月 4 日 NH₃-N 浓度与 TP 浓度线性相关分析

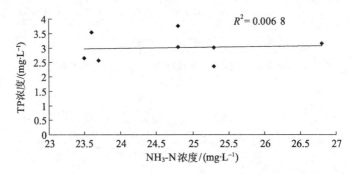

图 9.9   2010 年 8 月 16 日 NH₃-N 浓度与 TP 浓度线性相关分析

9.2   SWMM 模型理论及方法

9.2.1   SWMM 模型概述

SWMM(Storm Water Management Model)为美国环境保护署(EPA)公开发行的软件,广泛应用于规划、分析和设计城镇区域或非城镇区域的暴雨径流排水系统、混合流式排水系统及其他排水系统。

为有效解决水质及水量问题,美国环境保护署于 1969—1971 年间研发出一套都市径流演算模式,经过不断研发与改良,于 1993 年 12 月所发表的 4.3 版已具备水质仿真功能,最新版本为 2004 年 6 月的 5.0 更新版。SWMM 5.0 版主要特色在于发展具有窗口化的用户界面,让使用者能轻松地了解与操作。SWMM 模型可针对单场降雨或长期降雨的降雨-径流(rainfall-runoff)关系进行动态仿真,并分析雨污水合流管网及其他排水设施内水质及水量的变化情形。其他重要的功能还包括地下水、入渗、蒸发、融雪等,具有充分仿真实际系统运行的能力。目前市面上以 SWMM 为基础所研发的软件包括丹麦的 Mike SWMM、美国的 XP SWMM 及 PC-SWMM 等,它们不但具有强大的仿真功能,在数据的输入及输出方面亦具备良好的兼容性,广为学术界及工程界所使用。最新版的 SWMM 5.0 模型将原有程序改变为窗口化接口,在软件的架构上也做了相当大的调整,其整体架构如图 9.10 所示。在原有的 DOS 版本中,各种管线及节点都必须以手动方式输入。在窗口化后的新版本中,整个模式以连接线与节点两种概念化图形来表示。其中,连接线代表输水组件,例如水管、渠道、暗渠等,而节点则代表水力设施,例如控制阀、泵站、处理厂等。使用者可事先选定不同的组件,利用鼠标直接在图上建立分析所需的系统模型,并可随意新增、修改及查询各种组件。

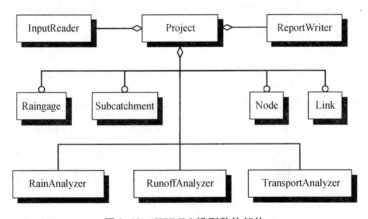

图 9.10　SWMM 模型整体架构

SWMM 模型是大型的 FORTRAN 程序,可用于规划、设计和实际操作。它可模拟完整的城市降雨径流循环,包括地表径流和排水管网中水流、管路中串联或非串联的蓄水池、地表污染物的积聚与冲刷、暴雨径流的处理设施、合流污水溢流过程等。根据降雨输入(雨量过程线)和系统特性(流域、泄水、蓄水和处理等)模拟暴雨的径流水质过程。同时,它既可进行单事件模拟,也可进行连续模拟。

SWMM 模型系统主要内容包括：

（1）模型输入

根据提供的降水(包括雨、雪)过程、土壤前期条件、土地利用和地形资料、径流模块计算地表径流和地下径流，可以有选择地模拟形成旱季条件下水流和渗流进入管道，供 TRANSPORT 模块或 EXTRAN 模块使用。

（2）模型核心

RUNOFF 模块、TRANSPORT 模块和 EXTRAN 模块为中央核心模块，可以模拟水流和污染物在排水系统中的输移过程。EXTRAN 模块可精细模拟管道复杂的水流情况，但不能模拟污染物的输移过程。

（3）处理系统

STORAGE/TREATMENT 模块既可表征管网中控制设施对水流和水质的影响，也可计算单元建设成本。

（4）系统排出影响(受纳水体)

SWMM 不包括受纳水体计算模块，但提供了与美国环境保护署开发的 WASP 和 DYNHYKD 模型的接口。

9.2.2　径流子系统模拟原理

降雨发生后，初期雨水渗入土壤的入渗率较大，降雨强度若小于入渗率，则雨水被地面全部吸收。随着降雨时间的增长，当降雨强度大于入渗率时，地面产生余水，待余水积满洼地后，部分余水产生地面径流，称为产流。在降雨强度增至最大时相应产生的余水率亦最大。此后，随着降雨强度的逐渐减小，余水率亦逐渐减小，当降雨强度降至与入渗率相等时，余水现象停止，但这时有地面积水存在，故仍产生径流。径流子系统模拟主要包括水量模拟和水质模拟两部分，水量模拟包括产流模型、汇流模型，水质模拟包括地表污染物累积模拟及冲刷模拟。

1. 地面产流计算基本方程及求解

地面产流是指降雨经过损失变成净雨的过程。根据土地利用状况和地表排水走向，将一个流域划分为若干个排水小区，根据各排水小区的特性计算各自的径流过程，并通过流量演算方法将各排水小区的出流组合起来。每一排水小区再分为三个部分：① 有洼蓄量的不透水地表 A1，其出流侧向排入边沟或小下水道管;② 无洼蓄量的不透水地表 A2,暴雨初始就立即产生地表径流;③ 透水地表 A3。三种类型地表单独进行产流计算,排水小区出流量等于三个部分出流量之和,如图 9.11 所示。

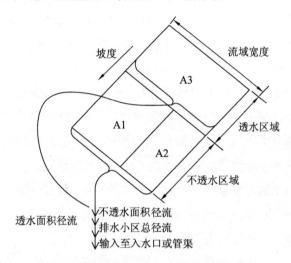

图 9.11 地表汇流排水子区域概化示意图

① 有洼蓄量的不透水地表产水量

有洼蓄量的不透水地表的降雨损失主要为洼蓄量。产流量表示为

$$R_1 = P - D \tag{9.1}$$

式中,R_1——有洼蓄量的不透水地表产水量,mm;

  P——降雨量,mm;

  D——洼蓄量,mm。

② 无洼蓄量不透水地表产水量

无洼蓄量的不透水地表上的降雨损失为雨期蒸发。产流量表示为

$$R_2 = P - E \tag{9.2}$$

式中,R_2——无洼蓄量的不透水地表的产水量,mm;

  E——蒸发量,mm。

③ 透水地表产水量

透水地表降雨损失包括洼蓄和入渗,入渗是指降雨入渗到地表不饱和土壤带的过程。产流量表示为

$$R_3 = (i - f \cdot \Delta t) \tag{9.3}$$

式中,R_3——透水地表的产水量,mm;

　　i——降雨强度,mm/s;

　　f——入渗强度,mm/s;

入渗模型有 Horton 模型、Green-Ampt 模型和 SCS 模型等。三种模型描述的入渗机理各不相同。Horton 模型主要描述入渗率随降雨时间变化的关系,不反映土壤饱和带与不饱和带的下垫面情况;Green-Ampt 模型则假设土壤中存在急剧变化的土壤干湿界面,即不饱和土壤带与饱和土壤带界面,充分的降雨入渗将使下垫面经历由不饱和到饱和的变化过程。Green-Ampt 模型将入渗过程分为土壤不饱和阶段和土壤饱和阶段分别进行计算。SCS 入渗公式根据反映流域特征的综合参数 CN 进行入渗计算,反映的是流域下垫面情况和前期土壤含水量状况对降雨产流的影响,而不是降雨过程(降雨强度)对产流的影响,适合于大流域的产汇流计算。

(1) Horton 入渗模型

该模型描述了由最大值随时间呈指数级下降直至最小值的入渗过程。模型公式需要确定研究区域的最大入渗率、最小入渗率、入渗衰减系数,使完全饱和土壤恢复到干旱状态的时间以及最大入渗量。

① 雨期入渗

Horton 模型是入渗能力与时间的关系函数,如公式(9.4)和图 9.12 所示。

$$f_p = f_\infty + (f_0 - f_\infty)\,\mathrm{e}^{\alpha t} \tag{9.4}$$

式中,f_p——入渗率,mm/s;

　　f_∞——稳定入渗率,mm/s;

　　f_0——初始入渗率,mm/s;

　　t——降雨历时,s;

　　α——与土壤有关的特性参数,或反映入渗率递减率的指数,s^{-1}。

实际入渗率为实际降雨和理论入渗率两个参数的较小值,表示为

$$f(t) = \min[f_p(t), i(t)] \tag{9.5}$$

式中,$f(t)$——实际入渗率,mm/s;

　　i——降雨强度,mm/s。

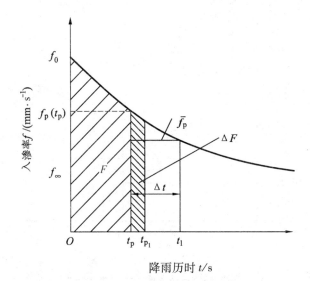

图 9.12　Horton 入渗曲线

f_∞ 和 f_0 的典型值通常大于典型的降雨强度。式(9.4)中的 f_p 仅是时间的函数,即使在降雨强度较小的情况下,也将逐渐缩小。这将导致无论实际情况如何,理论入渗率将一直下降。为解决这个问题,采用 Horton 积分式:

$$F(t_p) = \int_0^t f_p \mathrm{d}t = f_\infty t_p + \frac{f_0 - f_\infty}{\alpha}(1 - \mathrm{e}^{-\alpha t_p}) \tag{9.6}$$

式中,F——t_p 时刻的累积入渗量。

实际累积入渗量为

$$F(t) = \int_0^t f(\tau)\mathrm{d}\tau \tag{9.7}$$

式(9.6)和式(9.7)用来定义 t_p,并迭代求解 t_p。

注意:在 Horton 累积曲线中,t_p 应小于等于实际降雨时间,即 $t_p \leqslant t$。

② 入渗能力的恢复

进行连续模拟时,还需计算雨季后的旱季入渗能力。在无降雨和地表积水的旱季,根据旱季入渗恢复曲线,有如图 9.13 所示的入渗能力再生曲线和公式(9.8)。

$$f_p = f_0 - (f_0 - f_\infty)\mathrm{e}^{-\alpha_d(t - t_w)} \tag{9.8}$$

式中,α_d——入渗能力恢复曲线衰减系数,s^{-1};

t_w——假设在恢复曲线 $f_p = f_\infty$ 的时间,s。

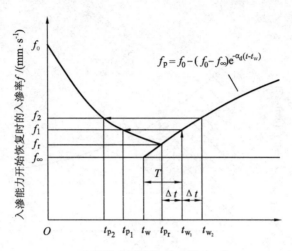

入渗能力开始恢复时间 t/s

图9.13 旱季入渗能力再生曲线

在缺少 α_d 的资料时,可采用常系数乘以 α:

$$\alpha_d = R\alpha \tag{9.9}$$

其中,R 为常系数,$R \geqslant 1.0$ 表示旱季时间曲线比雨季时间曲线更长。

图9.13 中的符号意义如下:

t_{p_r}——入渗能力开始恢复时的 t_p 值;

f_r——入渗能力开始恢复时的 f_p 值,mm/s。

设 $T_{w_1} = t_{w_1} - t_w$,$T_{w_2} = t_{w_2} - t_w$,$\cdots$,则

$$f_1 = f_p(t_{w_1}) = f_0 - (f_0 - f_\infty)e^{-\alpha_d(t-t_{w_1})} \tag{9.10}$$

求解式(9.10)可得到初始时间差 T_{w_1}:

$$T_{w_1} = t_{p_r} - t_w = \frac{1}{\alpha_d}\ln\frac{f_0 - f_\infty}{f_0 - f_r} \tag{9.11}$$

$$T_{w_1} = T_{w_r} + \Delta t \tag{9.12}$$

由公式(9.4)可以得到

$$t_{p_1} = \frac{1}{\alpha}\ln\frac{f_0 - f_\infty}{f_1 - f_\infty} \tag{9.13}$$

综上,可以得到

$$t_{p_1} = \frac{1}{\alpha}\ln\left[1 - e^{-\alpha_d\Delta t}(1 - e^{-\alpha t_{p_r}})\right] \tag{9.14}$$

（2）Green-Ampt 入渗模型

该原理假设土壤中存在急剧变化的土壤干湿界面,不饱和土壤带与饱和土壤带分离,雨水在不饱和土壤中进行入渗。输入参数包括土壤初始湿度亏损值、土壤水力传导率、湿润前锋毛细水头。

① 雨期入渗

Green-Ampt 入渗模型将入渗分为两个阶段,分别为土壤饱和之前的入渗过程和土壤饱和后的入渗过程。

a. 当 $F < F_s$ 时,

$$f = i,\ i > K_s,\ F_s = \frac{S \cdot IMD}{i/K_s - 1} \tag{9.15}$$

$i \leqslant K_s$ 时,不计算 F_s。

b. 当 $F \geqslant F_s$ 时,

$$f = f_p,\ f_p = K_s \left(1 + \frac{S \cdot IMD}{F} \right) \tag{9.16}$$

式中,f——入渗率,mm/s;

　　f_p——稳定入渗率,mm/s;

　　i——降雨强度,mm/s;

　　F——累积入渗量,mm/s;

　　F_s——饱和累积入渗量,mm;

　　S——湿润锋处的平均毛细管吸力,mm;

　　IMD——湿度亏损值,mm/mm;

　　K_s——土壤水力传导率,mm/s。

式(9.15)表明,当降雨强度大于土壤水力传导率时,土壤饱和累积入渗量 F_s 与该时刻的降雨强度及湿度亏损值有关。故当 $i > K_s$ 时,每个时间步长都要计算一次 F_s,并与当时的累积入渗量 F 比较。仅当 $F \geqslant F_s$,降雨入渗已使地表饱和时使用式(9.16)。

当 $i \leqslant K_s$ 时,所有降雨入渗,随时间不断更新 IMD,可与后续式(9.24)联合考虑。

低降雨强度入渗率不改变。

公式(9.16)表示地表饱和后的入渗能力取决于已入渗量,即前期累积的入渗量。为避免大时间步长计算时出现过大的数字误差，f_p 由 dF/dt 代替，并进行积分：

$$K_s(t_2 - t_1) = F_2 - C\ln(F_2 + C) - F_1 + C\ln(F_1 + C) \tag{9.17}$$

式中，C——$S \cdot IMD$，m；

　　t——时间，s；

　　1,2——时间步长的始末计算标志。

公式(9.17)采用 Newton-Raphson 迭代法求解 F_2，即求解时间步长终点的累积入渗量。

若地表不饱和，则时间步长 $t_2 - t_1$ 内的入渗量为$(t_2 - t_1)i$；若地表已经饱和，则入渗量为 $F_2 - F_1$。若饱和发生在时间步长的中间，则分别计算两个阶段的入渗量并相加。当降雨结束或降雨量低于入渗能力时，地表的洼蓄水量继续入渗，计入累积入渗量中。

② 入渗能力的恢复

蒸发、地下排水、两场降雨间湿度的重新分布都将减少上层土壤带的含水率，增加入渗能力。该过程复杂，与多种因素有关。在 SWMM 中，以较简单的经验公式描述。

入渗能力通常由土壤最上层的性质决定。该层厚度由土壤类型决定。例如，对于砂质土壤，入渗能力较大，对于重黏土则很小。描述土壤渗透能力的公式为

$$L = 4\sqrt{K_s} \tag{9.18}$$

式中，L——上层土壤带的厚度，mm；

　　K_s——饱和水力传导率，mm/h。

在没有入渗和洼蓄时，亏损因子与土壤的饱和水力传导率有直接联系：

$$DF = L/300 \tag{9.19}$$

式中，DF——亏损因子，h^{-1}。

每个时间的亏损量为

$$DV = DF \cdot FU_{max} \cdot \Delta t \tag{9.20}$$

式中，$FU_{max} = L \cdot IMD_{max}$——上层土壤的饱和湿度含量，mm；

　　IMD_{max}——最大初始湿度亏损值，mm/mm；

　　Δt——时间步长。

计算中令

$$FU = FU - DV, U \geqslant 0 \qquad (9.21)$$

$$F = F - DV, F \geqslant 0 \qquad (9.22)$$

在连续模拟中,在两次单独降雨事件中间的旱季过程,采用公式(9.23)计算模拟时间的步长:

$$T = 6/(100 \cdot DF) \qquad (9.23)$$

式中,T——独立降雨事件的时间步长,h。

随时间步长 T 过去,F 置零,为下场降雨准备,保持在上层土壤中的湿度减少,按式(9.21)计算,并不断更新 IMD 值,当前湿度亏损值 IMD 的最大值为 IMD_{max}(IMD_{max} 为输入参数)。IMD 的计算公式为

$$IMD = \frac{F_{max} - FU}{L}, \ IMD \leqslant IMD_{max} \qquad (9.24)$$

当发生小降雨事件时,湿度重新分布,上层湿润带由于降雨入渗而湿度上升,IMD 增加。

（3）SCS 入渗公式

美国土壤保持局(Soil Conservation Service,SCS)在 20 世纪 50 年代研制了无降雨过程资料的径流计算方法——SCS 径流曲线数法。该计算方法中只有一个反应流域综合特征的综合参数 CN,它与流域土壤类型、植被覆盖、土地利用、地形等因素有关,这种产流计算方法结构简单、计算方便,同时可以考虑土地利用变化对产流的影响。因此该方法成为目前应用广泛的经典径流计算方法。美国许多土壤侵蚀模型如 EPIC、CREAMS、ABNPS、SAWT 等模型都运用该方程进行径流量计算,其计算公式为

$$S = 25.4\left(\frac{1\ 000}{CN} - 10\right) Q = \frac{(R - 0.2S)^2}{R + 0.8S} \qquad (9.25)$$

式中,Q——径流量;

R——降雨量;

S——水土保持参数。

水土保持参数 S 在空间上与土壤类型、土地利用类型、农田管理措施以及地面坡度有关,在时间上与土壤含水量有关,可由一个量纲一的参数 CN 求得,其相互关系公式为

$$S = 25.4\left(\frac{1\,000}{CN} - 10\right) \tag{9.26}$$

从相关资料的 CN 表中可查到每种土壤的总入渗能力。在一次降雨过程中,该能力随降雨而损耗,直到一定的限值。

入渗模型在产流计算过程中均与降雨过程相结合,可以反映降雨特性对产流的影响;而径流曲线数反映的是流域下垫面情况和前期土壤含水量状况对降雨产流的影响,并不反映降雨(降雨强度)对产流的影响,这样就导致了 SCS 曲线法对降雨径流计算的结果有较大偏差,但足以满足对非点源污染负荷计算的要求。

2. 地面汇流计算基本方程及求解

汇流过程是指将分区净雨汇集到出口控制段面或直接排入受纳水体的过程。

地表径流模拟采用非线性水库模型,由连续方程和曼宁方程联立求解。模型需要输入研究区域的面积、排水小区的宽度、三种不同地表的曼宁糙率、有滞蓄量地表的滞蓄量以及整个排水小区的坡度。

地表径流由三种类型地面产生,用非线性水库模型模拟,见图 9.14。

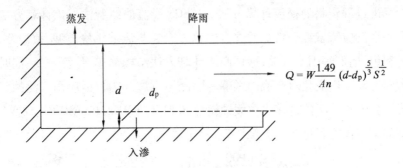

$$Q = W\frac{1.49}{An}(d-d_{\mathrm{p}})^{\frac{5}{3}}S^{\frac{1}{2}}$$

图 9.14 子流域非线性水库模型

非线性水库模型由连续方程和曼宁公式耦合求解。连续方程为

$$\frac{\mathrm{d}V}{\mathrm{d}t} = A\frac{\mathrm{d}d}{\mathrm{d}t} = Ai^* - Q \tag{9.27}$$

式中,$V = Ad$——子排水小区的总水量,m^3;

d——水深,m;

t——时间,s;

A——排水区表面积，m^2；

i^*——净雨值，降雨强度扣除蒸发和入渗，mm/s；

Q——出流量，m^3/s。

出流量的计算可使用曼宁公式：

$$Q = W \frac{1.49}{An} (d - d_p)^{\frac{5}{3}} S^{\frac{1}{2}} \tag{9.28}$$

式中，W——子排水小区宽度，m；

　n——曼宁糙率系数；

　d_p——滞蓄深度，m；

　S——子排水小区坡度，m/m。

公式(9.27)和公式(9.28)联立组成非线性微分方程，求解未知数 Q 和 d。

$$\frac{dd}{dt} = i^* - \frac{1.49W}{An} (d - d_p)^{\frac{5}{3}} S^{\frac{1}{2}}$$

$$= i^* + WCON \cdot (d - d_p)^{\frac{5}{3}} \tag{9.29}$$

式中，

$$WCON = -\frac{1.49W}{An} S^{\frac{1}{2}} \tag{9.30}$$

公式(9.29)用有限差分法求解。因而，净入流和出流在时间步长内取均值。净雨值 i^* 在程序中也是在时间步长内取值。平均出流由上一时间段的水深值和该时段的水深值求平均得出。以下标 1 和 2 来表示时间步长的起始，则公式(9.29)可写成：

$$\frac{d_2 - d_1}{\Delta t} = i^* + WCON \cdot \left[d_1 + \frac{1}{2}(d_2 - d_1) - d_p \right]^{\frac{5}{3}} \tag{9.31}$$

式中，Δt——时间步长，s。

计算步骤：用 Green-Ampt 公式或 Horton 公式计算步长内平均渗透率；利用 Newton-Raphson 迭代求解式(9.31)中的 d_2，用式(9.31)计算相应流量。用迭代法求解式(9.31)。给定 d_2，时间步长末的瞬间出流量 Q 用式(9.28)计算。

典型地表洼蓄量值见表 9.4，地表漫流曼宁糙率见表 9.5。

表 9.4　典型地表洼蓄量值

地表类型	洼蓄量值/in
不透水表面	0.05 ~ 0.10
草坪	0.10 ~ 0.20
牧场	0.20
森林(有枯叶等)	0.30

表 9.5　地表漫流曼宁糙率表

地表类型	曼宁糙率 n	地表类型	曼宁糙率 n
平坦的沥青	0.011	耕作土地	
平坦的混凝土	0.013	居住面积<20%	0.06
普通混凝土衬砌	0.013	居住面积>20%	0.17
优质木板	0.014	自然草场	0.13
水泥砂浆砌砖墙	0.014	草地和树林	
缸化黏土	0.015	稀疏的草地	0.15
铸铁	0.015	茂密的草地	0.24
波纹金属管	0.024	狗牙根草	0.41
水泥碎石表面	0.024	稀疏的林下灌木	0.40
休耕土壤(无居住)	0.05	茂密的林下灌木	0.80

9.2.3　地表污染累积及冲刷模拟

SWMM 可将同一排水小区按功能区划分为工业区、商业区、居民区等,也可按土地利用划分为交通道路、屋面、绿地等,根据不同的功能区或不同的土地利用定义地表污染物累积模型和各污染物冲刷模型。

水质因子通常分为三类:① 绝大多数污染因子可以用 mg/L 来表示,一些重金属等痕量污染因子以 μg/L 来表示;② 细菌类通常以 MPN/L 表示;③ 物理指标包括 pH、电导率、浊度、色度、温度等。

1. 地表污染物的累积模拟

污染物在子流域地表累积模拟有很多种方法。污染物多以尘埃和颗粒物的方式累积存在。SWMM 可以线性或非线性的累积方式模拟地表污染物的增长过程。四种不同的累积曲线及累积方程见图 9.15。

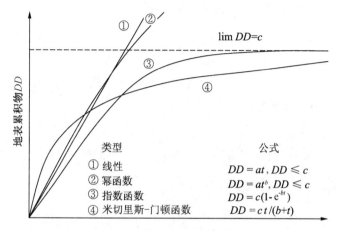

图 9.15　污染物累积曲线图

（1）幂函数累积公式

污染物累积与时间成一定的幂函数关系，累积至最大极限即停止，公式如下：

$$B = \min\{C_1, C_2 t^{C_3}\} \tag{9.32}$$

式中，C_1——最大累积量，质量/单位面积或单位路边长度；

C_2——污染物累积率；

C_3——时间指数。

线性累积公式是幂函数累积公式的特殊情况，$C_3 = 1$。

（2）指数函数累积公式

污染物累积与时间成一定比例关系，累积至极限即停止，公式如下：

$$B = C_1(1 - e^{-C_2 t}) \tag{9.33}$$

式中，C_1——最大累积量，质量/单位面积或单位路边长度；

C_2——累积率。

（3）饱和函数累积公式

该公式也称为米切里斯－门顿函数，污染物累积与时间成饱和函数关系，累积至极限值即停止，公式如下：

$$B = \frac{C_1 t}{C_2 + t} \tag{9.34}$$

式中,C_1——最大累积量,质量/单位面积或单位路边长度;

　　C_2——半饱和常数,达到最大累积量一半时的天数。

　　2. 地表污染物的冲刷模拟

　　冲刷过程是指在径流期地表被侵蚀和污染物质溶解的过程。SWMM 可以模拟不同单位计量的被冲刷污染物,如浊度(单位 NTU)、细菌总数等。可由以下几种方式描述冲刷过程。

　　(1) 指数方程

　　被冲刷的污染物量与残留在地表的污染物量成正比,与径流量成指数关系。

$$P_{off} = \frac{-dP_p}{dt} = R_c r^n P_p \qquad (9.35)$$

式中,P_{off}——t 时刻径流冲刷的污染物的量,kg/s;冲刷负荷,与径流量成一定的指数关系,与剩余地表污染物量成正比;

　　R_c——冲刷系数;

　　r——在时间 t 时刻的子流域单位面积的径流率,mm/h;

　　n——径流率指数;

　　P_p——t 时刻剩余地表污染因子的量,kg/hm^2 或 kg/m。

　　R_c 和 n 是该模型需要输入的参数,每种污染物对应的数值不同。

　　该公式推导如下:

$$-P_{off} = \frac{dP_p}{dt} = -KP_p \qquad (9.36)$$

式中,K——系数,s^{-1}。

　　假设系数 K 与径流率 r 成比例,关系式为

$$K = R_c r \qquad (9.37)$$

其中,$r = Q/A$。

　　将式(9.37)代入式(9.36)得

$$P_{off} = \frac{-dP_p}{dt} = R_c r P_p \qquad (9.38)$$

　　式(9.38)表明,冲刷率随径流量的增大而增大。被冲刷地表污染因子的浓度可表示为

$$C = \frac{P_{\text{off}}}{Q} = conv \, \frac{R_c r P_p}{Ar} = conv \, \frac{R_c P_p}{A} \tag{9.39}$$

式中, C——被冲刷的地表污染因子的浓度, kg/m^3;

　　Q——径流量, ft^3/s 或 m^3/s;

　　A——子排水区域面积, acres 或 hm^2;

　　$conv$——单位转化系数。

注:径流量在公式(9.39)中消失,被冲刷的地表污染因子浓度变成独立于径流量,并与残留在地表的污染因子量成正比。这样在降雨过程中,污染物的浓度可能随径流量的增大而增大,但也可能减小。而式(9.39)表示污染物浓度只能随降雨过程而减小。为解决该问题,应使 r 的指数大于 1。如式(9.35)中,当 $n=1$ 时,式(9.35)变成(9.38),浓度将随降雨过程而减小。此外,浓度与 r^{n-1} 成比例,当径流量大到可以改变 P_p 的影响时,浓度可增大。

式(9.35)可采用有限差分法求解。

$$P_p(t + \Delta t) = P_p(t) \cdot \exp\{-R_c \cdot 0.5[r(t)^n + r(t+\Delta t)^n]\Delta t\} \tag{9.40}$$

式中, $0.5[r(t)^n + r(t+\Delta t)^n]$——时间 Δt 内平均径流率, in/s 或 mm/s。

（2）流量特性冲刷曲线

该冲刷模型假设冲刷量与径流量为简单的函数关系。污染物的冲刷模型独立于污染物的地表累积总量。

$$P_{\text{off}} = R_c Q^n \tag{9.41}$$

式中, R_c——冲刷系数;

　　Q——径流量。

　　n——冲刷指数;

其中, R_c 和 n 是该模型需要输入的参数,每种污染物对应的数值不同。

（3）次降雨平均浓度

这是流量特性曲线的特殊情况,当指数为 1 时候,系数 C_1 代表冲刷污染物浓度,表示如下:

$$EMC = \frac{M}{V} = \frac{\int_0^T C_t Q_t \mathrm{d}t}{\int_0^T Q_t \mathrm{d}t} \tag{9.42}$$

式中, M——径流全过程的某污染物总量, kg;

　　V——相应的径流总体积，L；

　　C_t——随径流时间而变化的某污染物浓度，kg/L；

　　Q_t——随径流时间而变化的径流量，L/s。

EMC 是该模型需要输入的参数，每种污染物的参数值不同。

以上三个模型中，剩余地表污染物为 0 时，冲刷停止。

SWMM 可逐步进行时间步长的污染负荷增量变化，但在很多水质模拟中发现，受纳水体对短时间间隔内水质微小变化没有反应。因此，计算污染物排放总量比计算每个时间步长内污染负荷增量更有意义。

　　3. 街道清扫模拟

在不同的土地利用类型地表，街道清扫将阶段性减少地表累积物量。以清扫频率和清扫效率来表示街道清扫去除地表累积物的量。模型需要输入以下参数：

　　① 两次清扫间的天数；

　　② 模拟起始时间距前一次清扫的天数；

　　③ 清扫去除全部污染物的百分率；

　　④ 清扫分别去除各个污染物的百分率。

9.2.4　传输子系统模拟

　　1. 传输子系统的水动力计算方程

　　1）传输子系统的基本元素

雨水传输系统的基本单元包括单元街面进口、雨水管道、天然和人工明渠、涵洞、蓄水池和出水口。排水系统的基本单元特征见表 9.6。这些单元要保证提供足够的泄水能力，才能保证水流流速不会破坏管道。

表 9.6　排水系统基本单元特征

基本单元	特　征
管道	圆形、矩形、梯形、马蹄形、门形、天然明渠
节点	窨井
分流设施	孔口、堰、侧堰
蓄水设施	蓄水池
出口设施	带闸或自由出流的堰、孔口等

传输子系统模型将下水道系统概化为"节点-连接管道",这些管道和节点作为一个整体有明显的特征值,可代表整个管网系统。水流从连接段一个节点流向另一个节点,连接段的特征参数为糙率、长度、断面面积、水力半径和表面宽度,后三个参数为水流深度的函数。连接段的基本变量为出流量 Q,假定连接段中的出流量 Q 为常数,而流速和过流断面或水深在连接段中是可变的。节点是地下管网中的存储单元,相当于实际管道系统中的检查井或管道接头,与节点有关的变量为体积、水头和面积。主要变量为水头 H,假定水头随时间而变化,入流如一些入流过程线,出流如一些堰的分流都作为发生在理想化地下管道系统的节点处,任何时刻节点的体积相当于与其相邻各节点间一半管长的体积。在给定时段 Δt 内,节点体积的变化是计算水头和出流量的依据。管道系统模型中连接段、节点的特征值和约束见表 9.7。

表 9.7　管道系统模型中连接段、节点特征值和约束

类型	项目	特征值
节点	约束	$Q_入 = Q_出 \sum Q = 蓄水变量$
	每个时段计算的特征值	体积、表面积、水头
	常数	管底、管顶和地面高程
连接段	约束	$Q_入 = Q_出$
	每个时段计算的特征值	端面面积、水力半径、水面宽、流量、流速、水头损失系数
	常数	管型、长度、坡宽、糙率、管底和管顶的高程

2)管道控制方程和节点控制方程

管道中的水流模拟采用连续方程和动量方程模拟渐变非恒定流。SWMM 中包括运动波(kinematic wave routing)、动力波(dynamic wave routing)两种方式模拟不同复杂程度的非恒定水流运动。

(1)运动波模拟方法

运动波模拟方法采用连续方程和动量方程对各个管段的水流运动进行模拟。动量方程假设水流表面的坡度和管道的坡度一致。管道可输移的最大流量由满管曼宁公式计算。该模拟可选择是否进行节点调蓄的模拟方

式,即超过管道容纳能力的水量或者从系统中损失,或者存储在管道末端的调蓄节点上,当管道内可以输送时重新流入管道。

运动波可模拟管道内水流和面积随时间和空间变化的过程,使得水流通过管道输送后,出水口处的流量过程线削弱和延迟。但该模拟方法不能计算回水、逆流和有压流,并且仅限于树状管网的设计计算。采用较大的时间步长(5~15 min)就可保证数值计算稳定。通常采用该方法进行精确有效的模拟计算,尤其应用于长期模拟。

① 管道控制方程

动量方程:

$$\frac{\partial H}{\partial x} + \frac{v}{g} \cdot \frac{\partial v}{\partial x} + \frac{1}{g} \cdot \frac{\partial v}{\partial t} = S_0 - S_f \tag{9.43}$$

连续方程:

$$\frac{\partial Q}{\partial x} + \frac{\partial A}{\partial t} = 0 \tag{9.44}$$

式中, $\frac{\partial H}{\partial x}$——压力项;

　　$\frac{v}{g} \cdot \frac{\partial v}{\partial x}$——对流加速度;

　　$\frac{1}{g} \cdot \frac{\partial v}{\partial t}$——当地加速度;

　　S_0——重力项;

　　S_f——摩擦阻力项;

　　$\frac{\partial Q}{\partial x}$——进出控制单元体的流量变化项;

　　$\frac{\partial A}{\partial t}$——在控制单元体中的水体体积变化项;

　　H——静水压头,m;

　　x——管长,m;

　　t——时间,s;

　　g——重力加速度,9.8 m/s^2;

　　Q——流量,m^3/s;

　　A——过水断面面积,m^2。

在运动波方程计算中,采用简化解,忽略动量方程的右边项,即 $S_0 = S_f$,
摩擦阻力项由曼宁公式计算:

$$S_f = \frac{Q^2}{\left(\dfrac{1}{n}\right)^2 A^2 R^{\frac{4}{3}}} \tag{9.45}$$

式中,n——曼宁糙率系数;

　　　R——水力半径,m。

将 $S_0 = S_f$ 代入式(9.45)整理得

$$Q = \frac{1}{n} A R^{\frac{2}{3}} S_0^{\frac{1}{2}} \tag{9.46}$$

此时,流量 Q 仅是水深 h 的函数,过水断面面积 A 和水力半径 R 也是水深 h 的函数。因而,节点处发生洪水时,会影响到下游节点而不会影响到上游节点,且不能模拟有压流、逆流、回水过程。

当发生有压流时,超过管道容量的水流就储存在节点处,此时水流流量是有限的,见图9.16。

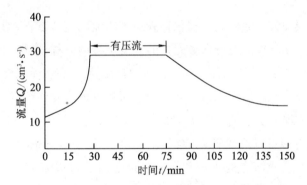

图9.16　有压流条件下运动波模拟的管道流量变化图

连续方程用有限差分格式表示为

$$\frac{(1-w_t)(A_{j,n+1}-A_{j,n})+w_t(A_{j+1,n+1}-A_{j+1,n})}{\Delta t} +$$

$$\frac{(1-w_x)(Q_{j+1,n}-Q_{j,n})+w_x(Q_{j+1,n+1}-Q_{j,n+1})}{\Delta x} = 0 \tag{9.47}$$

式中,Δt——$t_{n+1}-t_n$,时间步长,s;

　　　Δx——$x_{j+1}-x_j$,空间步长(管道长度),m;

$j, j+1$——管网始末节点的标志；

$n, n+1$——时间步长首末的标志；

w_t, w_x——权重，通常值为 0.55。

联立式（9.46）和式（9.47）求解水流在管网系统中的流动。在时间步长的终点 $n+1$ 处，未知量为流量 $Q_{j+1,n+1}$ 和过水断面面积 $A_{j+1,n+1}$。

② 节点控制方程

$$\frac{\partial H}{\partial t} = \sum \frac{Q_t}{A_{sk}} \tag{9.48}$$

式中，A_{sk}——节点自由表面积，m^2；

Q_t——进出节点的流量，m^3/s。

式（9.48）可改写成有限差分形式：

$$H_{t+\Delta t} = H_t + \frac{\sum Q_t \Delta t}{A_{sk}} \tag{9.49}$$

式中，下标 t 表示 t 时刻的相应物理量值。

（2）动力波模拟方法

动力波模拟方法的控制方程包括管道中水流的连续方程、动量方程和节点处的水量连续方程。通过求解完整的一维圣维南方程，可得到理论上的精确解。该模拟方法可模拟封闭管道满管时的有压流。有压流状态下的流量超越满管曼宁公式的计算值。当节点处的水深超过最高允许浓度时发生涝灾，过载的流量或损失于系统之外或被储存在节点处而后重新进入排水系统。

动力波模拟可以描述管渠的调蓄、汇水、入流和出流损失、逆流和有压流。因为它耦合求节点处水位和任何常规断面的管道流量，甚至包括多支下游出水管和环状管网。该法适用于描述受管道下游出水堰或出水孔调控而导致水流受限的回水情况。该方法必须采用小时间步长（如 1 min 或者更小）进行计算以保护数值计算的稳定。

① 管道控制方程

动量方程：

$$gA\frac{\partial H}{\partial x} + \frac{\partial(\frac{Q^2}{A})}{\partial x} + \frac{\partial Q}{\partial t} + gAS_f = 0 \tag{9.50}$$

连续方程：

$$\frac{\partial Q}{\partial x} + \frac{\partial A}{\partial t} = 0 \tag{9.51}$$

式中, $gA\dfrac{\partial H}{\partial x}$ ——压力和重力项;

$\dfrac{\partial\left(\dfrac{Q^2}{A}\right)}{\partial x}$ ——对流加速度;

gAS_f ——摩擦阻力项;

$\dfrac{\partial Q}{\partial x}$ ——进出控制单元体的流量变化项;

$\dfrac{\partial A}{\partial t}$ ——在控制单元体中的水体体积变化项。

其余符号意义与运动波模拟控制方程中的符号意义相同。

摩擦力可由曼宁公式求得, $S_f = \dfrac{K}{gAR^{\frac{4}{3}}}Q|V|$, $K = gn^2$ 。速度以绝对值表示摩擦阻力的方向和水流方向相反。

假设 $\dfrac{Q^2}{A} = v^2 A$ (v 表示平均流速),将 $\dfrac{Q^2}{A} = v^2 A$ 代入式(9.50)的对流加速度项,可得

$$gA\frac{\partial H}{\partial x} + 2A\frac{\partial v}{\partial x} + v^2\frac{\partial A}{\partial x} + \frac{\partial Q}{\partial x} + \frac{\partial Q}{\partial t} + gAS_f = 0 \tag{9.52}$$

将 $Q = Av$ 代入连续方程,得

$$A\frac{\partial v}{\partial x} + v\frac{\partial A}{\partial x} + \frac{\partial A}{\partial t} = 0 \tag{9.53}$$

将两边同时乘以 v ,移项后得

$$Av\frac{\partial v}{\partial x} = -v^2\frac{\partial A}{\partial x} - v\frac{\partial A}{\partial t} \tag{9.54}$$

将式(9.54)代入式(9.52),得到基本的流量方程式:

$$gA\frac{\partial H}{\partial x} - 2v\frac{\partial A}{\partial t} - v^2\frac{\partial A}{\partial x} + \frac{\partial Q}{\partial x} + gAS_f \tag{9.55}$$

忽略 S_0 项,摩阻力 S_f 用曼宁公式(9.45)对上述方程组进行整理可得:

$$S_f = \frac{K}{gAR^{\frac{4}{3}}}Q|V| \tag{9.56}$$

根据方程(9.55)和(9.56),即可依次求解各时段内每个管道的流量和每个节点的水头。将式(9.56)代入方程(9.54),并用有限差分形式表示得

$$Q_{t+\Delta t} = Q_t - \frac{K}{R^{4/3}} |V| Q_{t+\Delta t} + 2V \frac{\Delta A}{\Delta t} + V^2 \frac{A_2 - A_1}{L} - gA \frac{H_2 - H_1}{L} \Delta t$$

$$(9.57)$$

式中,下标 1 和 2 分别代表管道上、下节点;L 为管道长度。

$$Q_{t+\Delta t} = \left\{ \frac{1}{1 + \left[K\Delta t / (\overline{R^{\frac{4}{3}}} |\overline{V}|) \right]} \right\} \left(Q_t + 2\overline{V}\Delta A + V^2 \frac{A_2 - A_1}{L} \Delta t - g\overline{A} \frac{H_2 - H_1}{L} \Delta t \right)$$

$$(9.58)$$

式中,$\overline{V}, \overline{A}, \overline{R}$ 分别为 t 时刻管道末段的加权平均值。此外,为考虑管道出口、进口损失,可以从 H_2 和 H_1 中减去水头损失。

公式(9.58)主要未知量为 $Q_{t+\Delta t}, H_2, H_1$,变量 $\overline{V}, \overline{A}, \overline{R}$ 都与 Q, H 有关。因此,还需要有与 Q 和 H 有关的方程,这可以从节点方程得到。

② 节点控制方程

根据方程(9.49)和式(9.57),即可依次求解时段 Δt 内每个连接段的流量和每个点的水头,求解步骤如下:

a. 利用 t 时刻的特征值,计算 $\frac{\partial Q}{\partial t}$;

b. 计算 $t + \frac{\Delta t}{2}$ 时刻的流量 $Q_{t+\frac{\Delta t}{2}} = Q_t + \frac{\partial Q}{\partial t} \cdot \frac{\Delta t}{2}$;

c. 计算 $t + \frac{\Delta t}{2}$ 时刻系统的特征值,如表面积、水力半径,由此计算 $\left(\frac{\partial Q}{\partial t} \right)_{t+\Delta t/2}$;

d. 计算 $Q_{t+\Delta t/2} = Q_t + \left(\frac{\partial Q}{\partial t} \right)_{t+\Delta t/2} \Delta t$;

e. 计算 $t + \frac{\Delta t}{2}$ 时刻节点 j 的水位:

$$H_j \left(t + \frac{\Delta t}{2} \right) = H_j(t) + \frac{\Delta t}{2} \left[\frac{1}{2} \sum \left(Q_t^p + Q_{t+\Delta t/2}^{(p)} \right) + \sum Q_{t+\Delta t/2}^{(T)} \right] / A_{sj}(t)$$

式中,上标 p, T 分别代表管道(包括地面径流)流量和控制设施(分流设施、泵、出口等)的流量。

f. 计算 $t + \Delta t$ 时刻节点 j 的水位：

$$H_j\left(t + \frac{\Delta t}{2}\right) = H_j(t) + \frac{\Delta t}{2}\left[\frac{1}{2}\sum\left(Q_t^{(p)} + Q_{t+\Delta t/2}^{(p)}\right) + \sum Q_{t+\Delta t/2}^{(T)}\right] / A_{sj}(t)$$

2. 传输子系统的水质计算方程

污染物在管网系统中的模拟假定为连续搅动水箱式反应器（CSTR），即完全混合一阶衰减模型，见式（9.59）。在调蓄节点处的模拟原理与其在管段中的原理一样。没有调蓄体积的节点处，所有进入这些节点的水流充分混合。

控制微分方程：

$$\frac{\mathrm{d}VC}{\mathrm{d}t} = V\frac{\mathrm{d}C}{\mathrm{d}t} + \frac{C\mathrm{d}V}{\mathrm{d}t} + \frac{C\mathrm{d}V}{\mathrm{d}t} = Q_i C_i - Q\,C - KCV \pm L \tag{9.59}$$

式中，$\dfrac{\mathrm{d}VC}{\mathrm{d}t}$——管段内单位时间内的质量变化；

$Q_i C_i$——管段的质量变化率；

$Q\,C$——管段的质量变化率；

KCV——管段中的质量衰减；

C——管道中及排出管道中的污染物浓度，$\mathrm{kg/m^3}$；

V——管道中的水体体积，$\mathrm{m^3}$；

Q_i——管道的入流量，$\mathrm{m^3/s}$；

C_i——入流的污染物浓度，$\mathrm{kg/m^3}$；

Q——管道的出流量，$\mathrm{m^3/s}$；

K——一阶衰减系数，$\mathrm{s^{-1}}$；

L——管道中污染物的源汇项，$\mathrm{kg/s}$。

对方程（9.59）求解如下：

$Q, Q_i, C_i, V, L, \dfrac{\mathrm{d}V}{\mathrm{d}t}$ 以 t 至 $t + \Delta t$ 时段的平均值代入方程进行求解一阶线性微分方程，得

$$C(t + \Delta t) = \frac{Q_i C_i + L}{\dfrac{V}{DENOM}}\left(1 - \mathrm{e}^{-DENOM - \Delta t}\right) + C(t)\mathrm{e}^{-DENOM - \Delta t} \tag{9.60}$$

式中，

$$DENOM = \frac{Q}{V} + K + \frac{1}{V}\frac{\mathrm{d}V}{\mathrm{d}t} \tag{9.61}$$

9.2.5　SWMM 建模基本技术路线

应用 SWMM 建水力模型的技术路线主要包括 5 个阶段:建立新项目,绘制建模对象,设置对象属性,运行模拟,模拟结果处理。

(1) 建立新项目

建一个新的工程项目,编制项目的默认设置。ID 标签(ID Labels)新建对象一个名称标识,可按照如下设置:SWMM 按照数字增值自动在 ID 前缀后递增标示数字,给每个对象一个相区别的标识。如管段的 ID 前缀设为 C,输入的 ID 增量为 1,则每次创建一根管段就会自己将管段命名为 C1,C2,C3,…;节点的 ID 前缀设为 J,输入的 ID 增量为 1,则每次创建一个节点被命名为 J1,J2,J3,…。总之,前缀尽量设置得简单易懂,意思表达明确,一目了然。

对于汇水流域(包括汇水流域和节点/管段的初始设置)而言,流域各属性值在各个流域有所不同,建立流域模型后按流域情况逐个设置,先设定入渗模型。对于节点/管段的初始设置,如果排水管道大多为圆形管道,可先设置其形状;按照我国习惯的流量单位,流量单位一项一定要先设置并且设置为 CMS(m^3/s),即米制单位,后面建模过程及模拟结果中才会一直贯穿米制单位,如果最初没有设置,后面就要逐个修改,徒增工作量。

(2) 绘制建模对象

SWMM 研究区域地图是用于显示建模对象的概化图,在上面可以直接方便地对各个对象进行查询和编辑,直观显示整个建模区,根据模拟时间的变化,汇水流域、节点、管道的颜色按照各自的取值范围设定不同颜色层,动态显示各对象的运行情况,根据颜色判断其状态。

因此,需要在研究区域地图内绘制建模对象,对尺寸和距离没有精确要求,只是空间关系的表达,但是,对于较大的模型,空间构成直接画图较难把握好各自的位置,这时可以导入 GIS、CAD 或者其他图形文件的地形图等作为背景图,在背景图基础上绘制建模区的示意图。对于很大的项目,即使有背景图,工作量也相当大,并且难以保证绘制效果,这种情况下需要利用 SWMM 提供的外部文件导入方式,将数据按照 SWMM 特定的格式以 TEXT 文件导入模型,自动生成建模区地图。

（3）设置对象属性

当所有的对象都已显示在研究区域地图窗口中后，就可以录入它们的属性，可以单独编辑，也可以选择具有某些相同属性参数值的对象，统一进行编辑。例如管道属性的录入中，管段形状（shape）、管段长度（length）、入口偏差（inlet offset）、出口偏差（outlet offset）和曼宁粗糙系数（roughness）这几个参数中，如果有些管段都是圆形管道，或者管径相同，则可以集体编辑。如果用上述外部文件导入方式建立研究区域地图，则已经在特定格式中输入了对象的属性。

（4）运行模拟

设定水力模型参数后，配合不同模拟情境，设置模拟选项就可以执行模拟。入渗模型的选择可参考三种模型的适用范围。管网汇流演算方法视不同模拟状况进行选择。如果不考虑下游回水，可以选择运动波法；如果必须考虑回水、环状网、超载等情况，就需要选择动力波法。"日期"页面设置模拟开始时间、记录开始时间和模拟结束时间等。"时间步长"页面设置记录、旱季流量、径流量的时间步长。一般旱季流量的时间步长可稍大一些。为了模拟完整的退水过程，模拟时间应比降雨历时延长一段时间。

（5）模拟结果处理

模型模拟完毕后，就需要对模拟结果进行分析处理，以便决策。SWMM中建模结果可以通过多种形式进行展示，包括时序图、剖面图、表格、散点图、动画等形式。对于长期连续模拟，还可对模拟结果进行统计分析。

9.3　基于 SWMM 溢流污染模拟模型构建

9.3.1　研究区域排水系统概化

以镇江京口污水处理厂污水收集范围为例进行模拟计算。根据收集范围排水区周边区域地形及土地利用类型，排水区总汇水面积为 694.248 公顷，由于缺少具体管网布置图，因此根据该区的地形和雨水汇水特性，将其分成 21 个排水小区，各小区面积为 8~131 公顷，见图 9.17。排水区域内管网系统概化为 27 个管道、26 个节点、2 个提升泵站、1 个溢流排放口。

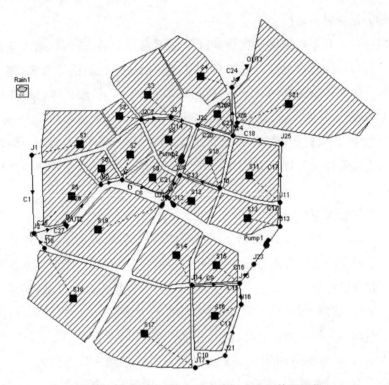

图9.17　研究区域内各排水区及合流制管网概化

截流井溢流情况选择运动波方程模拟污水在管道中的传输过程,并用分流设施(divider)模拟溢流井的工作工况,超过下游截流干管设计输水能力 $[(n_0+1)Q_h+Q_1+Q_2]$ 的合流污水全部通过分流设施溢流到受纳水体,其中,n_0 为截流倍数,Q_h 为溢流井上游旱流量,Q_1 为溢流井下游排水面积雨水设计流量,Q_2 为溢流井下游排水面积旱流量。

9.3.2　设计暴雨的情景

利用构建的模型分别对两场降雨进行流量模拟,两场降雨的降雨量分别为30.5 mm 和70.1 mm,降雨历时都是155 min,瞬时最大降雨强度分别为80.7 mm/h 和204 mm/h,降雨过程见图9.18。

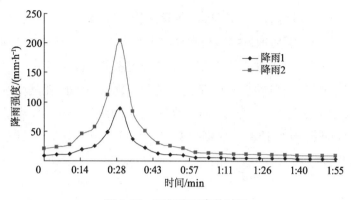

图 9.18　两场降雨事件过程

9.3.3　地表径流模型确定

SWMM 可选择三种渗透模式来模拟地表产流过程,分别为 Horton 模式、Green-Ampt 模式和 SCS 模式。三种模式中,Green-Ampt 模式对土壤资料要求高;SCS 模式则适用于大流域;因 Horton 模式形式简单、所需资料少,在模拟城市小区域范围内径流过程时被广泛采用,并具有一定可靠性,所以水质、水量模拟采用 Horton 模式。

9.3.4　地表污染物累积与冲刷模型选取

城市地面沉积的污染物通过径流冲刷形成了地表径流污染物,在水力作用下汇集到下水道。SWMM 模拟地表污染物的增长过程有线性累积和非线性累积两种方式,本次模拟采用饱和函数模拟地表污染物累积过程。冲刷过程指在径流过程中地表污染物被侵蚀和输送的过程,地表污染物冲刷量与地表径流量及污染物地表残留量有关。本次模拟计算采用指数函数模拟地表径流污染物变化过程,并选取 TSS,COD,TN,TP 等污染因子作为污染物模拟计算指标。

9.3.5　模型参数的确定

排水管网模型参数包括水文模型参数和水力模型参数。这些参数在 SWMM 中被分为两类:一类是可以通过测量或可资利用的信息提取获得其值的参数,在模型校准中一般不进行调整的那一部分参数,相当于模型的基础数据,如不透水区面积、平均坡度、管径和管长等;另一类是只给出了取值范围,具体数值则需要通过模型校准算法求解确定,或者多项调查研究加经验取值才能确定,比如地表粗糙系数、管道粗糙系数和洼蓄量等。

模型参数既有其物理意义,又包含推理、概化的成分,尤其是水文模型参数一般较多受气候、气象、地面等众多因素的综合影响,常常呈不确定性、高维性、非线性等特征。模型参数的确定往往需要进行大量基础调查研究,因此,本研究模型参数的获取主要根据研究文献资料和经验数据确定。

每个集水区面积、坡度、宽度、不可渗地面百分比、可渗地面百分比等模型参数通过现场考察确定;排水管道管径、埋深、长度、材质等管网属性数据从城市排水资料与截流工程方案中得到;因与实际误差较小,故不需进一步调整、检验。地表径流模型、地表污染物累积与冲刷模型相关参数,以参考SWMM 用户手册及相关文献报道为主,并经多次试算调整确定。

(1) 不同类型面积比例

SWMM 模型中的不同类型面积区域分为三类:不透水区域面积、透水区面积、没有洼蓄的不透水区面积。模型要求输入不透水区面积所占比例和没有洼蓄的不透水区面积所占比例。可根据汇水子流域的土地利用情况、实地考察情况进行粗略估算。因为建模区域位于主城区,城市化程度较高,故不透水面积选择在 70% ~90% 之间,初始参数值设为 75%;没有洼蓄的不透水面积选择在 5% ~20% 之间,初始参数值设为 15%。

(2) 洼蓄量

洼蓄量是指在小块洼地上未流走的或者入渗的那部分水量。透水区或不透水区的洼蓄量与地表情况相关。由于目前我国关于降雨损失量的水文测验试验研究非常少,也没有条件开展专项研究,所以查阅大量文献后,借鉴相关报道的建议值取值:不透水区的洼蓄量取值为 2 ~5 mm,透水区的洼蓄量取值为 3 ~10 mm;Linsley 等建议在无资料的情况下,可采用如下数据:透水地面用 6.35 mm,不透水地面用 1.587 5 mm;使用的最大洼蓄量:砂土为 0.508 mm,壤土为 3.81 mm,黏土为 2.54 mm。

实际洼蓄量与前期土壤湿度关系很大,如果模拟情景之前的一段时间内,建模区域有降雨过程,洼蓄量的取值就应该比建议值小;如果前期降雨强度和降雨量很大,那么洼蓄量就应该设置为0。采用文献报道中的第一种取值方法,这是国内做过的研究报道,其他都是国外研究报道,与本国实际情况差异相对较大。初始参数值采用中间值,即不透水区的洼蓄量取值为3.5 mm,透水区的洼蓄量取值为6.5 mm。

（3）霍顿公式参数

SWMM 的三种入渗模型中,霍顿(Horton)公式在国内应用较多。所以,本次建模采用霍顿入渗公式。霍顿公式水力模拟参数包括最大入渗率、最小入渗率和衰减常数。霍顿公式参数与土壤性质、密实度及前期湿度相关。如果没有当地实测或试验资料,可借鉴类似地区的经验值。在本研究中,通过总结国内各类相关研究文献,结合当地情况,综合评定,确定霍顿公式的初始值:最大入渗率为 762 mm/h,最小入渗率为 3.18 mm/h,衰减系数为0.0006。

（4）曼宁粗糙系数

模型中包括三个曼宁粗糙系数,即透水区和不透水区的曼宁粗糙系数,以及管道的曼宁粗糙系数。对于曼宁粗糙系数的取值可根据规范、相关文献报道等资料的经验值来确定。参阅大量资料的前提下,结合实际情况,本研究区域的排水管道为混凝土管道,管道粗糙系数取值为 0.013～0.015;透水区曼宁粗糙系数取值为 0.015,不透水区曼宁粗糙系数取值为 0.030。

（5）地表污染物累积模型参数及冲刷模型参数

通过监测实际管道中污水各污染物浓度,计算平均值作为旱季流量污染物浓度,其值分别为:TSS—200 mg/L、COD—350 mg/L、TN—35 mg/L、TP—4 mg/L。模型模拟计算采用动力波法,计算时间步长为 15 s。地表污染物累积模型参数及冲刷模型参数综合相关文献的取值范围见表9.8 和表9.9。

表9.8　地表污染物累积模型参数

	项　目	TSS	COD	TN	TP
居民区	最大累积量/(kg·hm^{-2})	270	150	22	2.5
	半饱和累积期/d	4	4	4	4
工业区	最大累积量/(kg·hm^{-2})	200	180	18	2
	半饱和累积期/d	4	4	4	4

表 9.9　冲刷模型参数

项　目		TSS	COD	TN	TP
居民区	冲刷系数	0.13	0.15	0.13	0.13
	冲刷指数	1.26	1.26	1.26	1.26
工业区	冲刷系数	0.13	0.15	0.13	0.13
	冲刷指数	1.26	1.26	1.26	1.26

9.4　溢流污染控制措施模拟分析

9.4.1　动态溢流过程分析

对溢流口重现期为两次降雨事件的溢流过程进行模拟,分析溢流口溢流量随降雨历时的变化过程,其中截流倍数 $n_0 = 1$,结果见图 9.19。

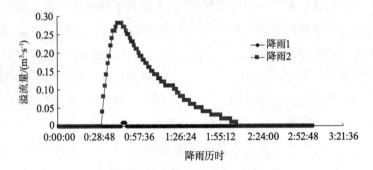

图 9.19　溢流口溢流量变化过程

由图 9.19 可以看出,由于降雨的产生,管道中变成雨水生活污水的混合水流量逐渐增加,降雨结束后减少。降雨过了一段时间后开始溢流,溢流量峰值出现在截流井处管道流量峰值之后。

降雨 2 的降雨强度比降雨 1 大,溢流口流量也明显较大。以降雨事件 2 为例分析溢流口污染物浓度变化过程,TSS,COD,TN,TP 的浓度变化情况见图 9.20。

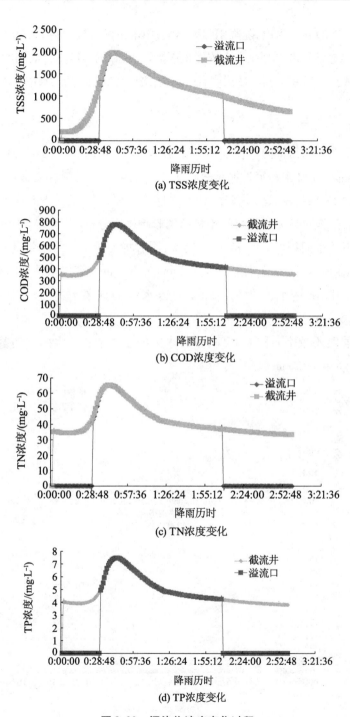

(a) TSS浓度变化

(b) COD浓度变化

(c) TN浓度变化

(d) TP浓度变化

图 9.20　污染物浓度变化过程

由图9.20可以看出,随降雨强度增大,雨水中携带被冲刷下的地面污染物浓度增大,合流管网中合流污水浓度也逐渐增大,降雨强度高峰前期增大较快,后期随降雨强度减弱,污染物浓度有所降低,最后恢复到生活污水浓度水平。

9.4.2　源头控制模拟分析

排水系统的污染源产生有两个部分,一部分是居民生活综合污水的产生,另一部分是降雨径流冲刷地表产生的初期雨水。为减轻溢流污染负荷,源头控制主要也是从这两部分出发,本模拟主要从提高下垫面渗透率和洼蓄量相关措施对溢流排放口污染负荷的影响进行分析。

将不透水面积由25%减少到15%,同时将不透水区的洼蓄量和透水区的洼蓄量由0.05 mm分别提高到0.2 mm和0.5 mm,模拟结果见图9.21。

情景1:不透水面积为25%,不透水区的洼蓄量和透水区的洼蓄量为0.05 mm;

情景2:不透水面积为15%,不透水区的洼蓄量和透水区的洼蓄量分别为0.2 mm和0.5 mm。

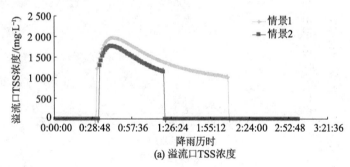

(a) 溢流口TSS浓度

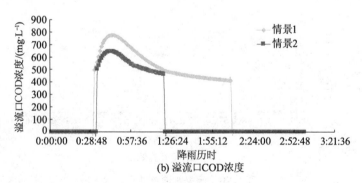

(b) 溢流口COD浓度

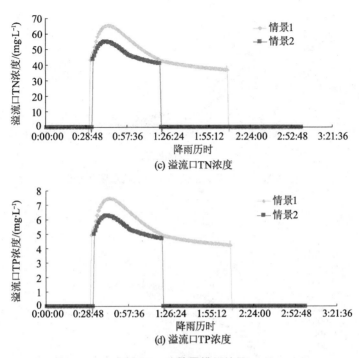

图 9.21　分情景模拟结果

由图 9.21 可以看出,通过提高下垫面渗透率和洼蓄量等相关源头控制措施,不仅能控制溢流量,溢流口的水质也能在一定程度上得到控制。一次降雨过程溢流口开始溢流由情景 1 的 32 min 推迟到 34 min,溢流结束由情景 1 的 129 min 提前到 82 min,溢流时间显著减少,同时污染物 TSS,COD,TN 和 TP 峰值浓度分别由 1 965.16,775.29,65.25,7.45 mg/L,削减到 1 762.76,646.02,54.77,6.26 mg/L。

9.4.3　过程控制模拟分析

过程控制模拟以提高截流倍数为例,模拟分析溢流口污染负荷变化情况。截流倍数越大,被截流污水量增大,溢流污水量减小。模拟截流倍数 $n_0 = 0.5, 1.0, 1.5$ 情况下,溢流口污染负荷变化情况见图 9.22 ~ 图 9.26。

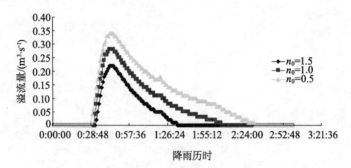

图 9.22　不同截流倍数溢流口溢流量变化过程

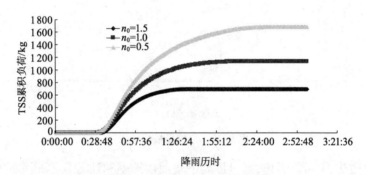

图 9.23　不同截流倍数溢流口溢流 TSS 累积负荷变化过程

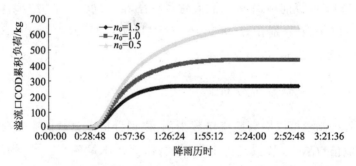

图 9.24　不同截流倍数溢流口溢流 COD 累积负荷变化过程

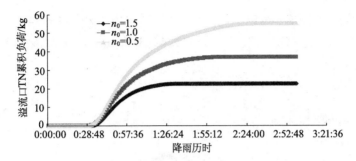

图 9.25　不同截流倍数溢流口溢流 TN 累积负荷变化过程

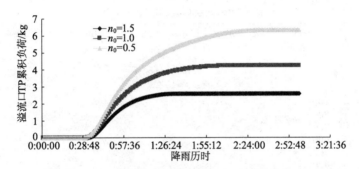

图 9.26　不同截流倍数溢流口溢流 TP 累积负荷变化过程

由图 9.22～图 9.26 可以看出,随着截流倍数的增大,溢流污水量、溢流历时、污染指标的量将逐渐减小,并且变化幅度随着截流倍数的增大而逐渐减少。

9.4.4　终端控制模拟分析

终端控制以溢流口相关污染控制措施对污染物削减的影响进行分析。本模拟以磁絮凝技术处理溢流污染为例,磁絮凝技术对 TSS,COD,TN,TP 的处理效率公式如下:

$$C = f(P, R\_P, V) \tag{9.62}$$

式中,C——出口污染物浓度;

P——污染物指标;

R_P——污染物去除效率;

V——工艺参数(流量、停留时间等)。

应用溢流污染控制技术后,溢流口水质前后变化情况见图 9.27。处理前后溢流污染水质 TSS,COD,TN 和 TP 的峰值由 1 965.16,775.29,65.25, 7.45 mg/L降低到 294.77,232.59,42.42,3.35 mg/L,去除效率为35% ~ 85%,效果显著。

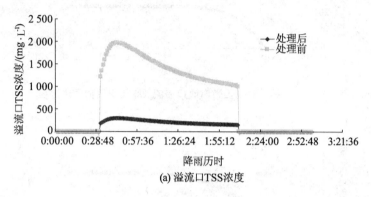

(a) 溢流口TSS浓度

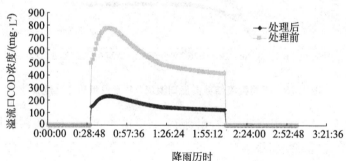

(b) 溢流口COD浓度

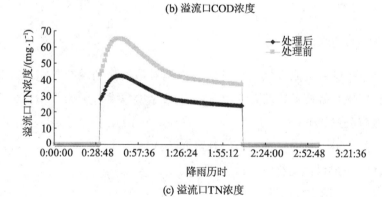

(c) 溢流口TN浓度

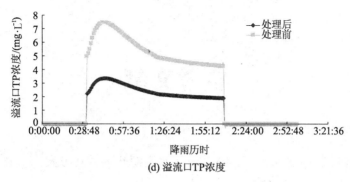

(d) 溢流口TP浓度

图 9.27 溢流口处理水质前后变化情况

参考文献

［1］杨艳,张健.源分离——节水与污水资源化的替代方案［J］.中国环保产业,2008(4):42－45.

［2］陈洪斌,陈晨,郑林静,等.半集中式分质供排水处理系统的最适规模探讨［J］.给水排水,2011,37(1):131－136.

［3］唐贤春,钱靓,陈洪斌,等.分散式分质排污及资源化处理系统的研究与应用进展［J］.中国沼气,2006,25(2):20－27.

［4］阮久丽,于凤,陈洪斌,等.生活污水分类收集处理的探讨［J］.中国给水排水,2010,26(8):25－29.

［5］马伟辉,陈洪斌,屈计宁.生活污水源分离、分质处理与资源化［J］.中国沼气,2008,26(4):15－19.

［6］李孟璁.高雄地区爱河水环境生态抚育及水污染防治策略分析［D］.高雄:台湾中山大学,2002.

［7］岳利涛.基于SWMM模拟的排水管道沉积物累积冲刷规律研究［D］.北京:北京建筑工程学院,2012.

［8］Field R,Tafuri A. N,Muthukrishnan S,et al. The use of best management practices(BMPs)in urban watersheds［M］. Lancaster:DEStech Publications,Inc,2006.

［9］谢莹莹.城市排水管网系统模拟方法和应用［D］.上海:同济大学,2007.

［10］沈炜彬.城市排水管网系统改造技术［J］.中华建设,2012(12):188－189.

［11］李瑞成,王吉宁.老城区排污管网改造中应注意的几个问题［J］.中国给水排水,2008,24(12):6－11.

［12］Mannina G,Viviani G. Separate and combined sewer systems:a long-term modelling approach［J］．Water Science and Technology，2009，60（3）：555－565．

［13］杨雪，车伍，李俊奇，等．国内外对合流制管道溢流污染的控制与管理［J］．中国给水排水，2008，24（16）：7－11．

［14］Daniel S，Marek S，Adrián H，et al．Comprehensive assessment of combined sewer overflows in Slovakia［J］．Urban Water，2002，4（3）：237－243．

［15］户玉印，钱先强，刘杰．国内外城市雨水资源化利用措施分析［J］．华章，2011（21）：318．

［16］陈铁，孙瑶，刘大军．城市雨水污染治理与雨水资源化［J］．辽宁城乡环境科技，2004（4）：39－40．

［17］倪华明，刘晨，朱刚，等．城市雨水回收利用现状及发展——上海案例［J］．净水技术，2012，31（2）：1－5．

［18］柳林，陈振楼，张秋卓，等．城市混合截污管网溢流污水防控技术进展［J］．华东师范大学学报（自然科学版），2011（1）：63－72．

［19］镇江市水利投资公司，江苏大学．镇江市北部滨水区入江溢流污染组合控制技术研究［J］．江苏水利，2010（2）：49．

［20］刘庄泉，姜玲玲．水污染控制技术与清洁生产［J］．环境科技，2011，24（S1）：101－103，106．

［21］张全兴．水污染防治与清洁生产［J］．环境科技，2012（1）：74．

［22］王志标．基于SWMM的棕榈泉小区非点源污染负荷研究［D］．重庆：重庆大学，2007．